高等院校应用型特色规划教材

基础工程实训教程

倪海涛　朱江　蒲勇　主编

U0194134

西南交通大学出版社
·成都·

图书在版编目（ＣＩＰ）数据

基础工程实训教程 / 倪海涛，朱江，蒲勇主编. —
成都：西南交通大学出版社，2019.10
高等院校应用型特色规划教材
ISBN 978-7-5643-7179-1

Ⅰ. ①基… Ⅱ. ①倪… ②朱… ③蒲… Ⅲ. ①基础（
工程）– 高等学校 – 教材 Ⅳ. ①TU47

中国版本图书馆 CIP 数据核字（2019）第 225968 号

高等院校应用型特色规划教材

Jichu Gongcheng Shixun Jiaocheng

基础工程实训教程

倪海涛　朱江　蒲勇　主编

责任编辑	张文越
封面设计	墨创文化

出版发行	西南交通大学出版社
	（四川省成都市金牛区二环路北一段 111 号
	西南交通大学创新大厦 21 楼）
邮政编码	610031
发行部电话	028-87600564　　　028-87600533
网址	http://www.xnjdcbs.com
印刷	四川森林印务有限责任公司

成品尺寸	185 mm × 260 mm
印张	10.75
字数	265 千
版次	2019 年 10 月第 1 版
印次	2019 年 10 月第 1 次
书号	ISBN 978-7-5643-7179-1
定价	32.00 元

课件咨询电话：028-81435775
图书如有印装质量问题　本社负责退换
版权所有　盗版必究　举报电话：028-87600562

前　言

　　"基础工程实训"是一门十分重要的实践课,是学生步入大学后第一次受到的比较完整的工程基础教育的实践教学课程,对学生接触工程技术、建立工程意识起着极其重要的奠基和启蒙作用。基础工程对提高工科学生实践动手能力、创新能力及综合素质有重要的意义。

　　如何科学有序地进行基础工程训练一直是高等工科院校的重要课题。现代工业对工程师的工程综合实践能力提出了较过去更高的要求,基础工程训练已经成为培养高素质工科人才不可缺少的一个重要环节。随着社会发展与进步,学生实践技能无法满足工作需要的问题越来越突出。

　　本书主要根据应用型人才培养的教学要求进行编写。针对近机类、非机非电类工科专业教学需要,全书共分上、下两篇,分别为材料加工基础实训和电工电子基础实训。上篇材料加工基础实训主要包括机械制造中的一般加工方法和现代制造技术,以零件加工过程为主线,具体分为选材、划线、下料、传统加工、特种加工、热处理、连接与装配等;下篇电工电子基础实训主要包括常用电工仪器仪表、常用元器件的识别与选择、基本电子电路安装实训、电工基本操作、常用电气线路安装实训等。

　　由于作者水平有限,书中难免存在不足之处,敬请读者批评指正。

编　者

2019 年 6 月

目　录

上篇 材料加工基础实训

模块一 常用量具的使用

一、实训目的

（1）了解常用测量工具的种类。
（2）熟悉合理使用测量工具的注意事项。
（3）掌握常见测量工具的使用方法及保养方法。

二、实训预备知识

为了保证加工出符合要求的零件，在加工过程中常常要对工件进行测量，并且对已经加工完成的零件也要进行检验，这就要求根据测量的内容和精度要求选用合适的测量工具。用来测量、检验零件及产品形状的工具叫作量具。常用量具有游标卡尺、千分尺、百分表、直角尺、厚薄尺、万能游标量角器（又叫万能角度尺）等。

（一）万能量具

万能量具一般都有刻度，在其测量范围内可以直接测出零件和产品形状及尺寸的具体数值，例如游标卡尺、千分尺、百分表和万能游标量角器等。

1. 游标卡尺

1）游标卡尺的结构

游标卡尺是工业上常用的测量长度的仪器。它通常由尺身以及能在尺身上滑动的游标组成，如图 1-1 所示。若从背面看，游标是一个整体。游标与尺身之间有一个弹簧片，利用弹簧片的弹力使游标与尺身靠紧。游标上部有一个紧固螺钉，可以将游标固定在尺身上的任意位置。尺身和游标都有量爪，利用内测量爪可以测量槽的宽度和管的内径，利用外测量爪可以测量零件的厚度和管的外径。深度尺与游标尺连在一起，可以测槽和筒的深度。

尺身和游标尺上面都有刻度。以准确到 0.02 mm 的游标卡尺为例，尺身上的最小分度是 1 mm，游标尺上有 50 个小的等分刻度，总长 49 mm，每一分度为 0.98 mm，比主尺上的最小分度相差 0.1 mm。量爪并拢时尺身和游标的零刻度线对齐，它们的第 1 条刻度线相差 0.02 mm，第 2 条刻度线相差 0.04 mm，……第 50 条刻度线相差 1 mm，即游标的第 50 条刻度线恰好与主尺的 49 mm 刻度线对齐，如图 1-2 所示。

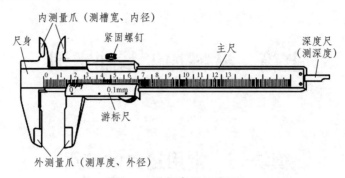

图 1-1　游标卡尺示意图

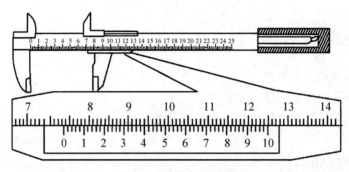

图 1-2　游标卡尺刻度

当量爪间所量物体的线度为 0.02 mm 时，游标尺向右应移动 0.02 mm。这时它的第一条刻度线恰好与尺身的 1 mm 刻度线对齐。同样当游标的第 5 条刻度线跟尺身的 5 mm 刻度线对齐时，说明两量爪之间有 0.1 mm 的宽度，……依此类推。

在测量大于 1 mm 的长度时，整的毫米数要从游标"0"线与尺身相对的刻度线读出。

2）游标卡尺的使用及读数

用软布将量爪擦干净，使其并拢，查看游标和主尺身的零刻度线是否对齐（见图 1-3）。如果对齐就可以进行测量，如没有对齐则要记取零误差。游标的零刻度线在尺身零刻度线右侧的叫正零误差，在尺身零刻度线左侧的叫负零误差。此规定方法与数轴的规定一致，即原点以右为正，原点以左为负。

测量时，右手拿住尺身，大拇指移动游标，左手拿待测外径（或内径）的物体，使待测物位于外测量爪之间，当待测物与量爪紧紧相贴时，即可读数，如图 1-3 所示。

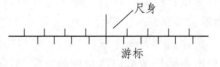

图 1-3　游标卡尺对准示意图

读数时首先以游标零刻度线为准在尺身上读取毫米整数，即以毫米为单位的整数部分。然后看游标上第几条刻度线与尺身的刻度线对齐，如第 6 条刻度线与尺身刻度线对齐，则小数部分即为 0.12 mm（若没有正好对齐的线，则取最接近对齐的线进行读数）。如有零误差，则一律用上述结果减去零误差（零误差为负，相当于加上相同大小的零误差），读数结果为

$$L = 整数部分 + 小数部分 - 零误差$$

判断游标上哪条刻度线与尺身刻度线对准，可用下述方法：选定相邻的三条线，如左侧的线在尺身对应线之右，右侧的线在尺身对应线之左，中间那条线便可以认为是对准了，如图 1-3 所示。

如果需测量几次取平均值，不需每次都减去零误差，只要从最后结果中减去零误差即可。

3）游标卡尺的保管及注意事项

游标卡尺使用完毕，用棉纱擦拭干净。长期不用时应将它擦上黄油或机油，两量爪合拢并拧紧紧固螺钉，放入卡尺盒内盖好。

※注意事项

（1）游标卡尺是一种比较精密的测量工具。在取用时，务必要轻拿轻放，不得碰撞或跌落地下。此外，最好不要用来测量粗糙的物体，以免损坏量爪，不用时应置于干燥地方防止锈蚀。

（2）测量时，应先拧松紧固螺钉，移动游标不能用力过猛。两量爪与待测物的接触不宜过紧。不能使被夹紧的物体在量爪内挪动。

（3）读数时，视线与尺面垂直。如需固定读数，可用紧固螺钉将游标固定在尺身上，防止滑动。

（4）实际测量时，对同一长度应多测量几次，取其平均值来消除偶然误差。

2. 千分尺

1）千分尺结构及测量原理

千分尺又叫螺旋测微器、螺旋测微仪、分厘卡，是比游标卡尺更精密的一种测量长度的工具。用千分尺测长度时，可以准确到 0.01 mm，测量范围为几个厘米。千分尺的结构示意图如图 1-4 所示。

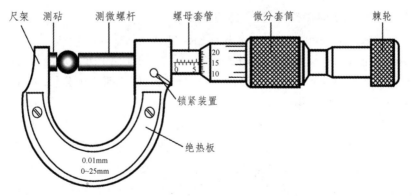

图 1-4 千分尺的结构示意图

千分尺是依据螺旋放大的原理制成的，即螺杆在螺母中旋转一周，螺杆便沿着旋转轴线方向前进或后退一个螺距的距离。因此，沿轴线方向移动的微小距离，就能用圆周上的读数表示出来。千分尺的精密螺纹的螺距是 0.5 mm，可动刻度有 50 个等分刻度，可动刻度旋转一周，测微螺杆可前进或后退 0.5 mm，因此旋转每个小分度，相当于测微螺杆前进或退后

0.5/50 = 0.01 mm。可见，可动刻度每一小分度表示 0.01 mm，因此千分尺可准确到 0.01 mm。由于还能再估读一位，所以可读到毫米的千分位，此为千分尺名字的由来。

测量时，当测砧和测微螺杆并拢时，可动刻度的零点应与固定刻度的零点重合，旋出测微螺杆，并使测砧和测微螺杆的面正好接触待测长度的两端（注意不可用力旋转，否则测量不准确）。马上接触到测量面时慢慢旋转左右面的棘轮转柄直至发出咔咔的响声，此时测微螺杆向右移动的距离就是所测的长度。这个距离的整毫米数由固定刻度上读出，小数部分则由可动刻度读出。

2）千分尺的使用

（1）使用前的检查。

在使用千分尺前，应用棉丝将其各部位表面擦拭干净，并仔细地检查各部位是否有划伤、锈蚀和影响使用性能的缺陷。用绸子或白色柔软而干净的棉丝擦净测砧的测量面和测微螺杆的测量面。然后旋转棘轮（测力装置），看它能否轻快灵活地带动微分筒旋转，测微螺杆移动是否平稳，有无卡住现象，在全量程范围内，微分筒与固定套筒之间有无摩擦。当用手把微分筒固定住，或用锁紧装置把测微螺杆紧固住后，棘轮能带动微分筒灵活地旋转，测微螺杆移动平稳、无卡住现象，微分筒与固定套筒之间无摩擦，紧住测微螺杆后棘轮能发出咔咔声，满足上述要求时，说明被检查的千分尺各部位的相互作用符合要求。

（2）校对和调整"0"位的方法。

① 直接校对"0"位的方法。

对于测量范围为 0~25 mm 的外径千分尺，可直接校对"0"位。校对方法是：将两个测量面擦拭干净后，旋转微分筒，当两个测量面即将接触时，开始用轻轻旋转棘轮的方法使两个测量面相接触，待棘轮发出咔咔声后，即可进行读数。

此时，若微分筒上的"0"刻线与固定套筒的基线重合，微分筒端面也恰好与固定套筒的"0"刻线的右边缘相切（如果不是恰好相切，允许"离线"不大于 0.1 mm，"压线"不大于 0.05 mm），则认为"0"位准确。

② 用校对量杆或量块间接校对"0"位的方法。

对于测量范围大于 25 mm 的外径千分尺应用校对量杆或量块校对"0"位。校对方法如下：

将校对量杆或量块当作被测工件，用要校对"0"位的外径千分尺来测量它们。若测量所得数值与校对量杆或量块的实际标定长度尺寸数值相同，则说明该千分尺的"0"位准确。

（3）正确选择测量面的接触位置。

千分尺两个测量面与被测量面（或点、线）的接触位置是否得当，将对测量结果产生直接的影响，因此在使用时要格外注意。通常来说，具体应注意以下几个方面：

① 当千分尺的测量面将要接触被测量面时，要一边旋动测力装置，一边轻微晃动尺架，靠测量人员的手感来选择准确的接触位置，使千分尺两个测量面与被测量面接触良好、准确。

② 测量时，要使测微螺杆轴线与被测工件的被测尺寸方向一致，不得歪斜，否则将得出错误的结果。

③ 测量工件的外径尺寸时，为了选到准确的测量接触位置，要在测量面相接触的同时，小幅度地左右晃动尺架，找出垂直于轴线的测量面；小幅度地前后晃动尺架找出最大尺寸的部位。

④ 当测量两个平行的平面之间的距离时，要使千分尺的整个测量面与被测量面相接触，不要只用测量面的边缘进行测量。

⑤ 当被测量工件两端形状不同时，应考虑接触的方向问题。

（4）测量方法。

① 正确选择千分尺的规格和精度。

先了解要测量的尺寸范围，并正确选择千分尺的规格。

② 手握千分尺的方法。

为防止握千分尺的手温影响测量准确度，要求握在千分尺的护板（又被称为"绝热板"）处。若直接用手握千分尺的金属尺架来进行测量，当该千分尺的检定温度为 20 ℃，受检尺寸为 100 mm，手与千分尺的接触时间为 10 min 时，会引起千分尺的尺寸变化量达到 0.006 mm。

③ 操作方法。

旋转微分筒，使两测量面之间的距离（外尺寸）调整到略大于被测尺寸后，将千分尺的两个测量面送入到要测量的位置。旋动微分筒，使两测量面将要接触被测量点后，开始旋动棘轮（测力装置），使两测量面密切接触被测量点（此时棘轮将发出咔咔声）并读取测量值。旋动微分筒和棘轮时，速度不要过快，以防测量面与被测量面发生较强的碰撞而损坏测微螺杆。测量读数完毕之后退尺时，应旋转微分筒，而不要使用旋转棘轮的方法，以防拧松测力装置，影响"0"位。

※注意事项

（1）使用较小测量范围的千分尺时，可一人用两只手同时操作，一只手握住尺架的护板，另一只手操作微分筒和棘轮。

（2）对于较小并可拿起的工件，也可用一手拿住工件，用另一只手的无名指和小指夹住尺架压在掌心中，食指和拇指旋转微分筒（不用棘轮）进行测量。由于不是用测力装置，测量力的大小全凭手指的感觉来控制，所以要求使用人员要有一定的经验。

（3）对于较小并可拿起的工件，当要测量的工件数目较多时，可将千分尺固定在专用的尺架上（固定时既要牢固又要防止因夹力过大而损伤千分尺的尺身），一手拿工件，一手操作千分尺，可提高工作效率，并且可避免因手的温度影响测量数据的准确性。

3. 万能游标量角器

万能游标量角器用于测量工件内、外角度值，其测量精度有 2′和 5′两种，测量范围为 0°～320°，其结构如图 1-5 所示。尺身上刻线每格为 1°，游标上的刻线共有 30 格，平分尺身的 29°，则游标上每格为 29°/30，尺身与游标每格的差值为 2′，即万能游标量角器的测量精度为 2′。

1）读数方法

万能游标量角器的读数方法同游标卡尺相似，先读出游标上零线以左的整度数，再从游标上读出第 n 条刻线（游标零线除外）与尺身刻线对齐，则角度值的小数部分为（$n \times 2′$），将两次数值相加，即为实际角度值。

2）测量方法

测量时应该先校对万能游标量角器的零位，将角尺、直尺、主尺组装在一起，且角尺的底边及基尺均与直尺无间隙接触，此时主尺与游标的"0"线对准。调整好零位后，通过改变主尺、角尺、直尺的相互位置，可测量 0°~320°范围内的任意角度，具体组合见表 1-1。用万能游标量角器测量工件时，应根据所测角度范围组合量尺。万能游标量角器具体应用举例如图 1-6 所示。

表 1-1　万能游标量角器部件组合及测角范围

部件组合	角度范围
直尺＋直角尺＋尺身	0°～50°
直尺＋尺身	50°～140°
角尺＋尺身	140°～230°
尺身	230°～320°

扇形游标
主尺
扇形板
直角尺
支架
直尺

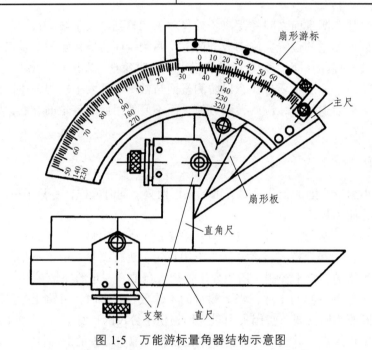

图 1-5　万能游标量角器结构示意图

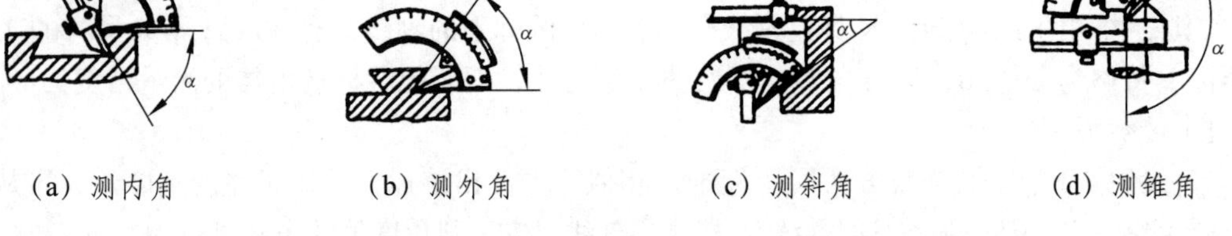

(a) 测内角
(b) 测外角
(c) 测斜角
(d) 测锥角

图 1-6　万能游标量角器应用举例

（二）专用量具

专用量具或称非标量具，顾名思义就是指非标准的量具，是专门为检测工件某一技术参数而设计制造的量具。这类量具不能测量出实际尺寸，只能测定零件和产品的形状、尺寸是否合格，如卡规、塞规等。

1. 塞　尺

塞尺又称厚薄规或间隙片。塞尺由许多层厚薄不一的薄钢片组成（图 1-7），并按照塞尺的组别制成一把一把的塞尺，每把塞尺中的每片具有两个平行的测量平面，且都有厚度标记，以供组合使用。常用的塞尺规格如表 1-2 所示。

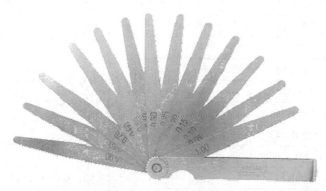

图 1-7　塞尺

塞尺主要用来检验机床特别紧固面和紧固面（图 1-8）、活塞与气缸、活塞环槽和活塞环、十字头滑板和导板、进排气阀顶端和摇臂、齿轮啮合间隙等两个结合面之间的间隙大小。其具体使用方法如下：

（1）先将要测量工件的表面清理干净，不能有油污或其他杂质，必要时用油石清理。

（2）形成间隙的两工件必须相对固定，以免因松动导致间隙变化而影响测量效果。

（3）根据目测的间隙大小选择适当规格的塞尺逐个塞入。例如，例如，用 0.03 mm 能塞入，而用 0.04 mm 不能塞入，说明所测量的间隙值在 0.03 mm~0.04 mm。

（4）当间隙较大或希望测量出更小的尺寸范围时，单片塞尺已无法满足测量要求，可以使用数片叠加在一起插入间隙中（在塞尺的最大规格满足使用间隙要求时，尽量避免多片叠加，以免造成累计误差）。

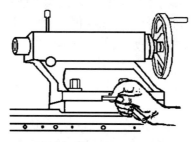

图 1-8　用塞尺检验车床尾座紧固面间隙（<0.04 mm）

例 1：间隙片最大规格为 0.5 mm，间隙尺寸大约在 0.65 mm 时，就需要使用 0.5 mm 与 0.15 mm 叠加测量。

例 2：用 0.03 mm 能塞入，而用 0.04 mm 不能塞入，通过在 0.03 mm 上叠加 0.005 mm 也能塞入，则得到所测间隙值在 0.035 mm~0.04 mm。

表 1-2 塞尺的规格

组别标记		塞尺片长度/mm	片数	塞尺的厚度及组装顺序/mm
A 型	B 型			
75A13	75B13	75	13	0.02；0.02；0.03；0.03；0.04；0.04；0.05；0.05；0.06；0.07；0.08；0.09；0.10
100A13	100B13	100		
150A13	150B13	150		
200A13	200B13	200		
300A13	300B13	300		
75A14	75B14	75	14	1.00；0.05；0.06；0.07；0.08；0.09；0.19；0.15；0.20；0.25；0.30；0.40；0.50；0.75
100A14	100B14	100		
150A14	150B14	150		
200A14	200B14	200		
300A14	300B14	300		
75A17	75B17	75	17	0.50；0.02；0.03；0.04；0.05；0.06；0.07；0.08；0.09；0.10；0.15；0.20；0.25；0.30；0.35；0.40；0.45
100A17	100B17	100		
150A17	150B17	150		
200A17	200B17	200		
300A17	300B17	300		

※注意事项

（1）根据结合面的间隙情况选用塞尺片数，但片数愈少愈好。

（2）测量时不能用力太大，以免塞尺遭受弯曲和折断。

（3）使用塞尺时不能戴手套，并保持手的干净、干燥。

（4）观察塞尺有无弯折、生锈，以免影响测量的准确度。

（5）擦拭塞尺上的灰尘和油污，以免影响测量的准确度。

（6）测量时不能强行把塞尺塞入测量间隙，以免塞尺弯曲或折断。

（7）不能用于测量温度较高的工件，以免碳化。

（8）塞尺较薄较锋利，防止划伤手或其他身体部位。

2. 直角尺

1）概述

直角尺是一种专业量具，简称为角尺，在有些场合还被称为靠尺，按材质它可分为铸铁直角尺、镁铝直角尺和花岗石直角尺，用于检测工件的垂直度及工件相对位置的垂直度，有时也用于划线（图 1-9），是机械行业中的重要测量工具。它的特点是精度高，稳定性好，便于维修。

直角尺规格（单位为毫米）有：750×40、1000×50、1200×50、1500×60、2000×80、2500×80、3000×100、3500×100、4000×100 等。铸铁平尺产品别名：方尺、铸铁方尺、检验方尺、矩形

角尺、方型角尺、平行方尺。等边方尺、角度平尺及专用平尺用于机床导轨、工作台的精度检查、几何精度测量，精密部件的测量，刮研工艺加工等，是精密测量的基准。

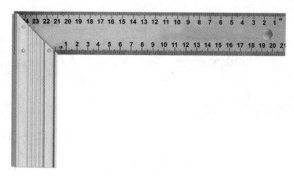

图 1-9   直角尺示意图

2）使用方法

使用前，应先检查各工作面和边缘是否被碰伤。角尺的长边的左、右面和短边的上、下面都是工件面（即内外直角）。将直尺工作面和被检工作面擦净，使用时，将直角尺靠放在被测工件的工作面上，用光隙法鉴别工件的角度是否正确。注意轻拿、轻靠、轻放，防止变曲变形。为求精确测量结果，可将直角尺翻转 180°再测量一次，取二次读数算术平均值为其测量结果，可消除角尺本身的偏差。

3）使用注意事项

（1）直角尺是检验和划线工作中较常用的量具，一般有整体式、组合式和精密圆柱形等结构。直角尺的精度等级有圆柱角尺：00 级和 0 级；铸铁角尺：0 级和 1 级；刀口形角尺：00 级和 0 级；宽座角尺：1 级和 2 级；矩形角尺：0 级和 1 级。00 级和 0 级直角尺一般用于检验精密量具；1 级直角尺用于检验精密工件；2 级直角尺用于检验一般工件。

（2）直角尺长边的左、右面和短边的上、下面都是工作面。长边的左面和短边的下面互相构成直（外角）。长边的右面和短边的上面互相构成直角（内角）。

（3）使用前，应先检查各工作面和边缘是否被碰伤。将直角尺工作面和被检工作面擦净。

（4）使用时，将直角尺放在被测工件的工作面上，用光隙法来鉴别被测工件的角度是否正确。检验工件外角时，须使直角尺的内边与被测工件接触。检验内角时，则使直角尺的外边与被测工件接触。

（5）测量时，应注意角尺的安放位置，不能歪斜。

（6）在使用和安放工作边较大的直角尺时，尤应注意防止其弯曲变形。

（7）为求得精确的测量结果，可将直角尺翻转 180°再测量一次，取二次读数的算术平均值作为其测量结果，这样，便可消除角尺本身的偏差。

3. 内、外卡钳

1）内、外卡钳简介

内、外卡钳是测量长度的工具。外卡钳用于测量圆柱体的外径或物体的长度等。内卡钳用于测量圆柱孔的内径或槽宽等。

图 1-10 是常见的两种内、外卡钳。内、外卡钳是最简单的比较量具。外卡钳是用来测量

外径和平面的，内卡钳是用来测量内径和凹槽的。它们本身都不能直接读出测量结果，而是把测量得的长度尺寸（直径也属于长度尺寸），在钢直尺上进行读数，或在钢直尺上先取下所需尺寸，再去检验零件的直径是否符合。

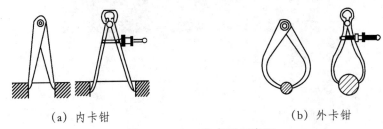

（a）内卡钳　　　　　　　　　　（b）外卡钳

图 1-10　内、外卡钳示意图

2）卡钳开度的调节

检查钳口的形状，钳口形状对测量精确性影响很大，应注意经常修整钳口的形状。图 1-11 所示为卡钳钳口形状好与坏的对比。调节卡钳的开度时，应轻轻敲击卡钳脚的两侧面，先用两手把卡钳调整到和工件尺寸相近的开口，然后轻敲卡钳的外侧来减小卡钳的开口，敲击卡钳内侧来增大卡钳的开口，如图 1-12 所示。但不能直接敲击钳口，更不能在机床的导轨上敲击卡钳，这会因卡钳的钳口损伤量面而引起测量误差。

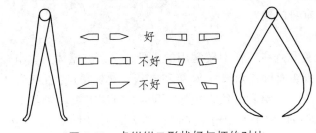

图 1-11　卡钳钳口形状好与坏的对比

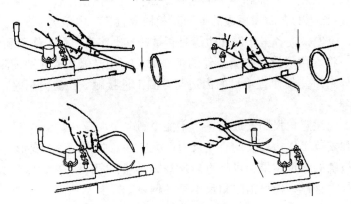

图 1-12　卡钳开度调节示意图

3）外卡钳的使用

外卡钳在钢直尺上取下尺寸时，如图 1-13（a），一个钳脚的测量面靠在钢直尺的端面上，另一个钳脚的测量面对准所需尺寸刻线的中间，且两个测量面的连线应与钢直尺平行，人的视线要垂直于钢直尺。

用已经在钢直尺上取好尺寸的外卡钳去测量外径时，要使两个测量面的连线垂直于零件的轴线，靠外卡钳的自重滑过零件外圆时，我们手中的感觉应该是外卡钳与零件外圆正好是点接触，此时外卡钳两个测量面之间的距离，就是被测零件的外径。所以，用外卡钳测量外径，就是比较外卡钳与零件外圆接触的松紧程度，如图1-13（b）以卡钳的自重能刚好滑下为合适。如当卡钳滑过外圆时，我们手中没有接触感觉，就说明外卡钳比零件外径尺寸大，如靠外卡钳的自重不能滑过零件外圆，就说明外卡钳比零件外径尺寸小。切不可将卡钳歪斜地放上工件测量，这样有误差，如图1-13（c）所示。由于卡钳有弹性，把外卡钳用力压过外圆是错误的，更不能把卡钳横着卡上去，如图1-13（d）所示。对于大尺寸的外卡钳，靠它自重滑过零件外圆的测量压力已经太大了，此时应托住卡钳进行测量，如图1-13（e）所示。

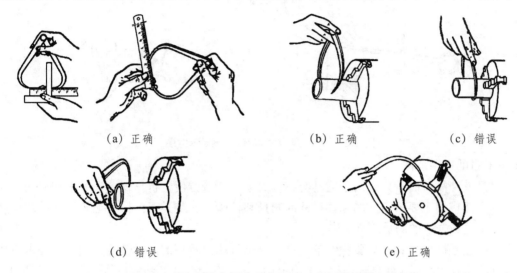

（a）正确　　　　　　　（b）正确　　　　　　　（c）错误

（d）错误　　　　　　　　　　　　（e）正确

图1-13　外卡钳在钢直尺上取尺寸和测量方法示意图

4）内卡钳的使用

用内卡钳测量内径时，应使两个钳脚的测量面的连线正好垂直相交于内孔的轴线，即钳脚的两个测量面应是内孔直径的两端点。因此，测量时应将下面的钳脚的测量面停在孔壁上作为支点［图1-14（a）］，上面的钳脚由孔口略往里面一些逐渐向外试探，并沿孔壁圆周方向摆动，当沿孔壁圆周方向能摆动的距离为最小时，表示内卡钳脚的两个测量面已处于内孔直径的两端点了。再将卡钳由外至里慢慢移动，可检验孔的圆度公差，如图1-14（b）所示。

（a）　　　　　　　　　　　　　　　（d）

图1-14　内卡钳测量方法示意图

用已在钢直尺上或在外卡钳上取好尺寸的内卡钳去测量内径，如图1-15（a）所示。就是比较内卡钳在零件孔内的松紧程度。如内卡钳在孔内有较大的自由摆动时，就表示卡钳尺寸比孔径内小了，如内卡钳放不进，或放进孔内后紧得不能自由摆动，就表示内卡钳尺寸比孔径大了，如内卡钳放入孔内，按照上述的测量方法能有1～2 mm的自由摆动距离，这时孔径与内卡钳尺寸正好相等。测量时不要用手抓住卡钳测量，如图1-15（b）所示，这样手感就没有了，难以比较内卡钳在零件孔内的松紧程度，并使卡钳变形而产生测量误差。

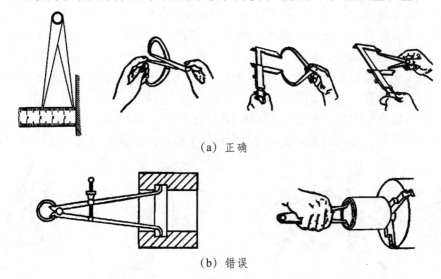

（a）正确

（b）错误

图 1-15　卡钳取尺寸和测量方法示意图

5）卡钳的适用范围

卡钳是一种简单的量具，由于它具有结构简单、制造方便、价格低廉、维护和使用方便等特点，广泛应用于要求不高的零件尺寸的测量和检验，尤其是对锻铸件毛坯尺寸的测量和检验，卡钳是最合适的测量工具。

卡钳虽然是简单量具，只要我们掌握得好，也可获得较高的测量精度。例如用外卡钳比较两根轴的直径大小时，就是轴径相差只有 0.01 mm，有经验的老师傅也能分辨得出。又如用内卡钳与外径百分尺联合测量内孔尺寸时，有经验的老师傅完全有把握用这种方法测量高精度的内孔。这种内径测量方法，称为"内卡搭百分尺法"，是利用内卡钳在外径百分尺上读取准确的尺寸（见图 1-16），再去测量零件的内径，或内卡在孔内调整好与孔接触的松紧程度，再在外径百分尺上读出具体尺寸。这种测量方法，不仅在缺少精密的内径量具时，是测量内径的好办法；而且，对于某零件的内径，由于它的孔内有轴而使用精密的内径量具有困难时，应用内卡钳搭外径百分尺测量内径方法，就能解决问题。

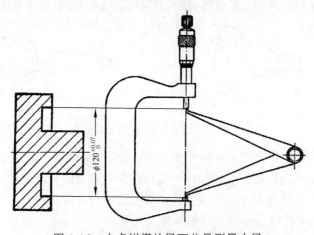

图 1-16　内卡钳搭外径百分尺测量内径

4. 半径规（圆角规）

1）半径规简介

半径规，也叫 R 规、R 样板（图 1-17）。R 规是利用光隙法测量圆弧半径的工具。测量时必须使 R 规的测量面与工件的圆弧完全紧密地接触，当测量面与工件的圆弧中间没有间隙时，工件的圆弧度数则为此时对应的 R 规上所表示的数字。由于是目测，故 R 规准确度不是很高，只能做定性测量。每个量规上有 5 个测量点。

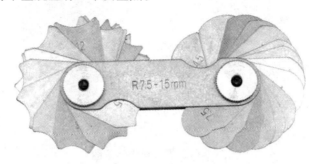

图 1-17 半径规

R 规通常有 1~6.5、7~14.5、15~25 三个规格（单位：mm）。

（1）1~6.5 半径尺寸有 1、1.25、1.5、1.75、2、2.25、2.5、2.75、3、3.5、4、4.5、5、5.5、6、6.5 共 16 个规格。

（2）7~14.5 半径尺寸有 7、7.5、8、8.5、9、9.5、10、10.5、11、11.5、12、12.5、13、13.5、14、14.5 共 16 个规格。

（3）15~25 半径尺寸有 15、15.5、16、16.5、17、17.5、18、18.5、19、19.5、20、21、22、23、24、25 共 16 个规格。

2）使用方法

检验轴类零件的圆弧曲率半径时，样板要放在径向界面内；检验平面形圆弧曲率半径时，样板应平行于被检截面，不得前后倾倒。

使用半径样板检验工件圆弧半径有两种方法：

（1）当已知被检验工件的圆弧半径时，可选用相应尺寸的半径样板去检验。

（2）事先不知道被检工件的圆弧半径时，则要用试测法进行检验。

检验时，首先用目测估计被检工件的圆弧半径，依次选择半径样板去试测。当光隙位于圆弧的中间部分时，说明工件的圆弧半径 r 大于样板的圆弧半径 R，应换一片半径大一些的样板去检验。若光隙位于圆弧的两边，说明工件的半径 r 小于样板的半径 R，则换一片小一点的样板去检验，直到两者吻合（$r=R$），则此样板的半径就是被测工件的圆弧半径。

如果根据工件圆弧半径的公差选两片极限样板，对于凸面圆弧，用上限半径样板去检验时，允许其两边沿漏光，用下限半径样板检验时，允许其中间漏光，均可确定该工件的圆弧半径在公差范围内。对于凹面圆弧，漏光情况则相反。

※注意事项

（1）半径样板使用后应擦净，擦时要从铰链端向工作端方向擦，切勿逆擦，以防止样板折断或者弯曲。

（2）半径样板要定期检定，如果样板上标明的半径数值不清时千万不要使用，以防错用。

5. 螺纹样板（螺纹量规）

螺纹样板是带有确定的螺距及牙形，且满足一定的准确度要求，用作螺纹标准对类同的螺纹进行测量的标准件（图 1-18）。

图 1-18　螺纹样板示意图

如图 1-19 所示，测量螺纹螺距时，将螺纹样板组中齿形钢片作为样板，卡在被测螺纹工件上，如果不密合，就另换一片，直到密合为止，这时该螺纹样板上标记的尺寸即为被测螺纹工件的螺距。但是，须注意把螺纹样板卡在螺纹牙廓上时，应尽可能利用螺纹工作部分长度，使测量结果较为正确。

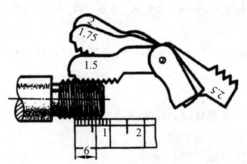

图 1-19　螺纹样板测螺距示意图

如图 1-20 所示，测量牙形角时，把螺距与被测螺纹工件相同的螺纹样板放在被测螺纹上面，然后检查二者的接触情况。如果没有间隙透光，则被测螺纹的牙形角是正确的。如果有不均匀间隙透光现象，那就说明被测螺纹的牙形不准确。但是，这种测量方法是很粗略的，只能判断牙形角误差的大概情况，不能确定牙形角误差的数值。

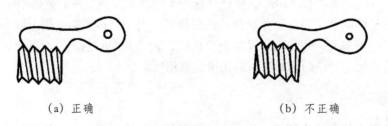

（a）正确　　　　　　　　　　　　　（b）不正确

图 1-20　螺纹样板测牙形角示意图

三、实训内容及过程

实训项目 I：用常用测量工具测量相关材料尺寸

材料工具	测量数据	钢卷尺	钢直尺	游标卡尺	千分尺
电线	直径				
	长度			—	—
锡丝	直径				
	长度			—	—
金属试样	直径				
	厚度				—
垫圈	内径				—
	外径				
	厚度				
橡皮锤	柄直径				
	锤头周长			—	—
	柄长			—	—
载玻片	长				—
	宽				
	厚度				
小烧杯	深度				—
	高				
	内径	—	—		
	外径				—
	厚度	—	—		

实训项目 II：使用相关测量工具检测工件

（1）测量十字夹长度、宽度，孔半径，紧固螺钉螺距、牙形角；对比两个紧固螺钉牙形角是否符合要求。

（2）测量自攻螺丝钉螺距及牙形角。

（3）测量圆板牙，板牙绞手各部分半径、直径。

（4）测量塑料注塑模具各模板间的间隙，检测其表面平整度、垂直度。

模块二　选材、划线与下料

一、实训目的

（1）熟悉常用工程材料的种类及用途。

（2）了解工程材料正确选材的基本原则。

（3）掌握划线工具的种类和使用方法。

（4）掌握工程材料的常见下料方法。

二、实训预备知识

（一）常用工程材料

工程材料是指制造工程结构和机器零件使用的材料，主要包括金属材料、非金属材料和复合材料三大类。

1. 金属材料

金属材料是指具有光泽、延展性、容易导电、导热等性质的材料，一般分为黑色金属和有色金属两种。黑色金属包括铁、铬、锰等。其中，钢铁是基本的结构材料，称为"工业的骨骼"。

1）碳素钢的牌号、性能及用途

碳素钢的熔炼过程比较简单，生产费用较低，价格便宜，主要用于工程结构，制成热轧钢板、钢带和棒钢等产品，广泛用于工程建筑、车辆、船舶以及桥梁、容器等构件。常用的碳素钢的分类及应用见表 2-1 所示。

表 2-1　常用的碳素钢的分类及应用

分　类	应用举例
碳素结构钢	螺母、螺栓、螺钉、垫圈、手柄、小轴及型材等
优质碳素结构钢	制造轴、齿轮、连杆、各种弹簧等各类机械零件
碳素工具钢	制造各类刀具、量具和模具，例如刨刀、锉刀、钻头、锤头、丝锥、板牙、锯条、量具、小型冲模等

2）合金钢的牌号、性能及用途

为了改善钢的某些性能或使之具有某些特殊性能，在炼钢时有意加入一些元素，称为合金元素。含有合金元素的钢，就叫合金钢。常用的合金钢的分类及应用见表 2-2 所示。

表 2-2 常用的合金钢的分类及应用

分 类		应用举例
合金结构钢		制造各类重要的机械零件，例如机床主轴、板簧、卷簧、齿轮、活塞销、凸轮、曲轴、汽车纵横梁、气门顶杆、桥梁结构、压力容器、船舶结构等
合金工具钢		制造各类重要的、大型复杂的刀具、量具和模具，例如铣刀、车刀、丝锥、块规、螺纹塞规、样板、钻头、形状复杂的冲模等
特殊性能钢	不锈钢	医疗器械、耐酸容器、管道等
	耐热钢	加热炉构件、过热器等
	耐磨钢	破碎机颚板、衬板、履带板等

3）铸铁

铸铁是指含碳质量分数大于 2.11%的铁碳合金。工业上常用铸铁的含碳量一般在 2.5%～4%，此外，铸铁中还含有较多的锰、硅、磷、硫等元素。

铸铁与钢相比，虽然机械性能较低（强度低、塑性低、脆性大），但却有着优良的铸造工艺性、切削加工性、消震性和减磨性等。因此，铸铁在生产中仍获得普遍应用。常用的铸铁的分类及应用见表 2-3 所示。

表 2-3 常用的铸铁的分类、牌号及应用

分 类	应用举例
灰口铸铁	制造各类机械零件，例如机床床身、飞轮、机座、轴承座、气缸体、齿轮箱、液压泵体等
可锻铸铁	制造各类机械零件，例如曲轴、连杆、凸轮轴、摇臂活塞环等
球墨铸铁	用它可以代替部分铸钢或锻钢件，制造承受较大载荷、受冲击和耐磨损的零件，例如大功率柴油机的曲轴、中压阀门、汽车后桥等

4）铸钢

与铸铁相比，铸钢具有较高的综合机械性能，特别是塑性和韧性较好，使铸件在动载荷作用下安全可靠。此外，铸钢的焊接性较铸铁优良，这对于采用铸-焊联合工艺制造复杂零件和重要零件十分重要。但是，铸钢的铸造工艺性能差，为保证铸钢件的质量，还必须采取一些特殊的工艺措施，这就使铸钢件的生产成本高于铸铁。

5）有色金属

有色金属具有许多与钢铁不同的特性，例如高的导电性和导热性（银、铜、铝等），优异的化学稳定性（铅、钛等），高的导磁性（铁镍合金等），高的强度（铝合金、钛合金等），很高的熔点（钨、铌、钽、锆等）。在现代工业中，除大量使用黑色金属外，还广泛使用有色金属。常用的有色金属主要有铝及铝合金、铜及铜合金两类。

（1）铝及铝合金。

工业纯铝的强度低，σ_b 为 80～100 MPa，经冷变形后可提高至 150～250 MPa，故工业纯铝难于满足结构零件的性能要求，主要用作配制铝合金及代替铜制作导线、电器和散热器等。

铸造铝合金不仅具有较好的铸造性能和耐蚀性能，而且还能用变质处理的方法使强度进一步得到提高，应用较为广泛。如用作内燃机活塞、气缸头、气缸散热套等。除了铸造铝合

金外，还有一类铝合金叫形变铝合金，主要有防锈铝、锻造铝、硬铝和超硬铝四种。它们大多通过塑性变形轧制成板、带、棒、线材等半成品使用。其中硬铝是一种应用较多的由铝-铜-镁等元素组成的铝合金材料。它除了具有良好的抗冲击性、焊接性和切削加工性外，经过热处理强化（淬火加时效）后强度和硬度还能进一步提高，可以用作飞机结构支架、翼肋、螺旋桨、铆钉等零件。

（2）铜及铜合金。

铜及铜合金的种类很多，一般分为紫铜（纯铜）、黄铜、青铜和白铜等。

① 纯铜。纯铜因其表面呈紫红色，故亦称紫铜。它具有极好的导电和导热性能，大多用于电器元件或用作冷凝器、散热器和热交换器等零件。纯铜还具良好的塑性，通过冷、热态塑性变形可制成板材、带材和线材等半成品。此外，纯铜在大气中还具有较好的耐蚀性。

② 黄铜。黄铜是由铜和锌所组成的合金。当黄铜中含锌量小于 39%时，锌能全部溶解在铜内。这类黄铜具有良好的塑性，可在冷态或热态下经压力加工（轧、锻、冲、拉、挤）成型。

③ 青铜。根据主加元素不同，青铜分为锡青铜、铍青铜、铝青铜、铅青铜及硅青铜等。除锡青铜外，其余均为无锡青铜。

2. 非金属材料

非金属材料是近年来发展非常迅速的工程材料，因其具有金属材料无法具备的某些性能（如电绝缘性、耐腐蚀性等），在工业生产中已成为不可替代的重要材料，如高分子材料和工业陶瓷。

1）塑料

塑料是高分子材料，其主要成分是合成树脂，在一定的温度、压力下可软化成形，是最主要的工程结构材料之一。由于塑料具有许多优良的性能，例如具有良好的电绝缘性、耐腐蚀性、耐磨性、成形性，而密度小等，因此不仅在日常生活中到处可见，而且在工程结构中也被广泛地应用。工程塑料具有良好的力学性能，能替代金属制造一些机械零件和工程结构件。

塑料的种类很多，按性能可分为热塑性塑料和热固性塑料两大类。热塑性塑料在加热时软化和熔融，冷却后能保持一定的形状，再次加热时又可软化和熔融，具有可塑性。热固性塑料是在固化后加热时，不能再次软化和熔融，不再具有可塑性。常用热塑性塑料和热固性塑料的名称、性能、用途见表 2-4 所示。

表 2-4　常用热塑性塑料和热固性塑料的名称、性能、用途

类别	名称	性能	应用举例
热塑性塑料	聚乙烯（PE）	无毒、无味；质地较软，比较耐磨、耐腐蚀，绝缘性较好	薄膜、软管；塑料管、板、绳等
	聚丙烯（PP）	具有良好的耐腐蚀性、耐热性、耐曲折性、绝缘性	机械零件、医疗器械、生活用具，如齿轮、叶片、壳体、包装袋等
	聚苯乙烯（PS）	无色、透明；着色性好；耐腐蚀、耐绝缘但易燃、易脆裂	仪表零件、设备外壳及隔音、包装、救生等器材
	ABS	具有良好的耐腐蚀性、耐磨性、加工工艺性、着色性等综合性能	轴承、齿轮、叶片、叶轮、设备外壳、管道、容器、车身、方向盘等

类别	名称	性能	应用举例
热塑性塑料	聚酰胺（PA）即尼龙	强度、韧性较高；耐磨性、自润滑性、成形工艺性、耐腐蚀性良好；吸水性较大	仪表零件、机械零件、电缆护层，如油管、轴承、导轨、涂层等
	聚甲醛（POM）	优异的综合性能，如良好的耐磨性、自润滑性、耐疲劳性、冲击韧性及较高的强度、刚性等	齿轮、轴承、凸轮、制动闸瓦、阀门、化工容器、运输带等
	聚碳酸酯（PC）	透明度高，耐冲击性突出，强度较高，抗蠕变性好；自润滑性能差	齿轮、涡轮、凸轮；防弹窗玻璃、安全帽、汽车挡风等
	聚四氟乙烯（F-4）	耐热性、耐寒性极好；耐腐蚀性极高；耐磨、自润滑性优异等	化工用管道、泵、阀门；机械用密封圈、活塞环；医用人工心、肺等
	PMMP即有机玻璃	透明度、透光率很高；强度较高；耐酸、碱，不宜老化；表面易擦伤	油标、窥镜、透明管道、仪器仪表等
热固性塑料	酚醛塑料（PF）	较高的强度、硬度；绝缘性、耐热性、耐磨性好	电器开关、插座、灯头；齿轮、轴承、汽车刹车片等
	氨基塑料（UF）	表面硬度较高；颜色鲜艳、有光泽；绝缘性良好	仪表外壳、电话外壳、开关、插座等
	环氧塑料（EP）	强度较高；韧性、化学稳定性、绝缘性、耐寒性、耐热性较好；成形工艺性好	船体、电子工业零部件等

2）橡胶

橡胶与塑料的不同之处是橡胶在室温下具有很高的弹性。经过硫化处理和炭黑增强后，其抗拉强度为 25～35 MPa，并具有良好的耐磨性。如表 2-5 所示为常见橡胶的名称、性能及用途。

表 2-5 常见橡胶的名称、性能、用途

名称	性能	应用举例
天然橡胶	电绝缘性优异；弹性很好；耐碱性较好；耐溶剂性差	轮胎、胶带、胶管等
合成橡胶	耐磨、耐热、耐老化性能较好	轮胎、胶布胶板；三胶带、减震器、橡胶弹簧等
特种橡胶	耐油性、耐蚀性较好；耐热、耐磨、耐老化性较好	输油管、储油箱；密封件、电缆绝缘层等

3）陶瓷材料

陶瓷是各种无机非金属材料的统称，在现代工业中具有很好的发展前途。未来世界将是陶瓷材料、高分子材料、金属材料三足鼎立的时代，它们构成了固体材料的三大支柱。常见工业陶瓷的分类、性能及用途见表 2-6。

表 2-6 常见工业陶瓷的分类、性能、用途

分　类	主要性能	应用举例
普通陶瓷	质地坚硬；有良好的抗氧化性、耐蚀性、绝缘性；强度较低；耐一定高温	日用、电气、化工、建筑用陶瓷，如装饰瓷、餐具、绝缘子、耐蚀容器、管道等
特种陶瓷	有自润滑性及良好的耐磨性、化学稳定性、绝缘性；耐腐蚀、耐高温；硬度高	切削工具、量具、高温轴承、拉丝模、高温炉零件、内燃机火花塞等
金属陶瓷（硬质合金）	强度高；韧性好；耐腐蚀；高温强度好	刀具、模具、喷嘴、密封环、叶片、涡轮等

3. 复合材料

复合材料是由两种或两种以上物理、化学性质不同的物质，经人工合成的材料。它保留了各组成材料的优良性能，从而得到单一材料所不具备的优良的综合性能。最常见的人工复合材料，如钢筋混凝土是由钢筋、石子、沙子、水泥等制成的复合材料，轮胎是由人造纤维与橡胶合成的复合材料。

复合材料一般由增强材料和基体材料两部分组成，增强材料均匀地分布在基体材料中。增强材料有纤维（玻璃纤维、碳纤维、硼纤维、碳化硅纤维等）、丝、颗粒、片材等。基体材料有金属基和非金属基两类，金属基主要有铝合金、镁合金、钛合金等。非金属基体材料有合成树脂、陶瓷等。

复合材料种类繁多，性能各有特点。如玻璃纤维和合成树脂的合成材料具有优良的强度，可制造密封件及耐磨、减摩的机械零件。碳纤维复合材料密度小、比强度高，可应用于航空、航天及原子能工业。

（二）选材基本原则与思路

在进行产品设计时，会遇到零件材料选择的问题；在进行零部件生产过程中，会遇到怎样使材料成形的问题。材料及其成形工艺的选择是工程上的重要课题。材料好与坏，不仅关系到机械零件的使用性能，也关系到零部件的加工制造难度，同时还关系到零件的成本、使用安全性等。在实际工程中，由于选材用材不当而给用户带来很多直接或间接的损失，也是常见的。因此，合理的材料选择，以及采取合适的成形工艺，是保证高质量产品的关键。另外，材料成本占零件成本的一半以上，合理的选材，也可降低生产成本，提高经济效益。

1. 选材的基本原则

1）适用性原则

适用性原则是指所选择的材料必须能够适应工况，并能达到令人满意的使用要求。满足使用要求是选材的必要条件，是在进行材料选择时首先要考虑的问题。为满足材料的使用要求，在进行材料选择时，主要从三个方面考虑：① 零件的负载情况；② 材料的使用环境；③ 材料的使用性能要求。零件的负载情况主要指载荷的大小和应力状态。材料的使用环境指材料所处的环境，如介质、工作温度及摩擦等。材料的使用性能要求指材料的使用寿命、材料的各种广义许用应力、广义许用变形等。

2）工艺性原则

一般地，材料一经选择，其加工工艺大体上就能确定了。同时加工工艺过程又使材料的性能发生改变；零件的形状结构及生产批量、生产条件也会对材料加工工艺产生重大的影响。

工艺性原则指的是选材时要考虑到材料的加工工艺性，优先选择加工工艺性好的材料，降低材料的制造难度和制造成本。各种成形工艺各有其特点和优缺点，同一材料的零件，当使用不同成形工艺制造时，其难度和成本是不一样的，所要求的材料工艺性能也是不同的。

3）经济性原则

在满足材料使用要求和工艺要求的同时，也必须考虑材料的使用经济性。经济性原则是指，在选用材料时，应选择使用性能、成本比较低的材料。材料的使用性能一般可以用使用时间和安全程度来代表。材料的成本包括生产成本和使用成本。一般地，材料成本由下列因素决定：原材料成本、原材料利用率、材料成形成本、加工费、安装调试费、维修费、管理费等。

2. 选材思路

首先根据使用工况及使用要求进行材料选择，然后根据所选材料，同时结合材料的成本、材料的成形工艺性、零件的复杂程度、零件的生产批量、现有生产条件和技术条件等，选择合适的成形工艺。

分析机件的服役条件，找出零件在使用过程中具体的负荷情况、应力状态、温度、腐蚀及磨损等情况。大多数零件都在常温大气中使用，主要要求材料的力学性能。在其他条件下使用的零件，要求材料还必须有某些特殊的物理、化学性能。如：在高温条件下使用，要求零件材料有一定的高温强度和抗氧化性；化工设备则要求材料有高的抗腐蚀性能；某些仪表零件要求材料具有电磁性能等；严寒地区使用的焊接结构，应附加对低温韧性的要求；在潮湿地区使用时，应附加对耐大气腐蚀性的要求等。

（1）通过分析或试验，结合同类材料失效分析的结果，确定允许材料使用的各项广义许用应力指标，如许用强度、许用应变、许用变形量及使用时间等。

（2）找出主要和次要的广义许用应力指标，以重要指标作为选材的主要依据。

（3）根据主要性能指标，选择符合要求的几种材料。

（4）根据材料的成形工艺性、零件的复杂程度、零件的生产批量、现有生产条件、技术条件选择材料生产的成形工艺。

（5）综合考虑材料成本、成形工艺性、材料性能、使用的可靠性等，利用优化方法选出最适用的材料。

（6）必要时选材要经过试验投产，再进行验证或调整。

上述只是选材步骤的一般规律，其工作量和耗时比较大。只有对于重要零件和新材料的选材，才进行大量的基础性试验和批量试生产过程，以保证材料的使用安全性。对不太重要的、批量小的零件，通常参照相同工况下同类材料的使用经验来选择材料，确定材料的牌号和规格，安排成形工艺。若零件属于正常的损坏，则可选用原来的材料及成形工艺；若零件的损坏属于非正常的早期破坏，应找出引起失效的原因，并采取相应的措施。如果是材料或其生产工艺的问题，可以考虑选用新材质或新的成形工艺。

（三）划线

1. 划线工具

1）划线平板

划线平板（图 2-1）用铸铁制成，是用来安放工件和划线工具的，并在它上面进行划线工作。

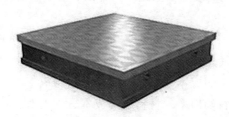

图 2-1　划线平板

平板表面的平整性直接影响划线的质量。因此，它的工作表面经过精刨或刮削等精确加工。为了长期保持平板表面的平整性，应注意以下使用和保养规则：

（1）安装划线平板，要使上平面保持水平状态，以免倾斜后在长期的重力作用下发生变形。

（2）使用时要随时保持划线平板表面清洁，因为有铁屑、灰砂等污物时，在划线工具或工件的拖动下要刮伤平板表面，同时也可能影响划线精度。

（3）工件和工具在划线平板上都要轻放，尤其要防止重物撞击平板或在平板上进行较重的敲击工作而损伤表面。大平板不应经常划小工件，避免局部表面磨损。

（4）划线结束后要把平板表面揩擦干净，并涂上机油，以防生锈。

2）划针

划针（图 2-2）是用来划线条的，常与钢直尺、90°角尺或划线样板等导向工具一起使用。对已加工面划线时，应使用弹簧钢丝或高速钢划针，直径为 3~6 mm，尖端磨成 15°~20°，并经淬硬，这样就不易磨损变钝。划线的线条宽度应在 0.05~0.1 mm。对铸件、锻件等毛坯划线时，应使用焊有硬质合金的划针尖，以便保持长期锋利，其线条宽度应在 0.1~0.15 mm。钢丝制成的划针用钝后重磨时，要经常浸入水中冷却，以防针尖过热而退火变软。

进行平面划线时，划针的握持方法与用铅笔划线时相似。左手要压紧导向工具，防止其滑动而影响划线的准确性，划针尖要紧靠导向工具的边缘，上部向外侧倾斜 15°~20°，沿划线前进方向倾斜 45°~75°。

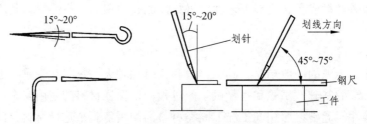

图 2-2　划针及其使用示意图

用划针划线要做到一次划成，不要重复地划同一根线条，否则线条变粗或不重合，反而模糊不清。

3）划规

划规（图2-3）在划线工作中可以划圆和圆弧、等分线段、等分角度以及量取尺寸等。它用中碳钢或工具钢制成，两脚尖端部位经过淬硬并刃磨，有的在两脚端部焊上一段硬质合金，以减小在毛坯表面划圆时尖端变钝。

钳工用的划规有普通划规、扇形划规、弹簧划规和长划规等几种。最常用的是普通划规，它结构简单，制造方便，适用性较广，但其两脚铆合处的松紧要恰当：太紧，调节尺寸费劲，太松，则尺寸容易变动。扇形划规上带有锁紧装置，当调节好尺寸后拧紧螺钉，尺寸就不易变动，最适用在粗糙的毛坯表面上划线。弹簧划规的优点是调节尺寸很方便，但划线时作圆弧的一只脚容易弹动而影响尺寸的准确性，因此仅适用在较光滑的表面上划线，而不适宜在粗糙表面上划线。长划规是专门用来划大尺寸圆或圆弧的，在滑杆上移动两个划规脚，就可得到一定的尺寸。

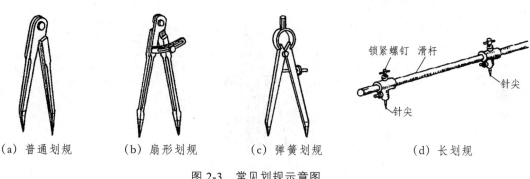

（a）普通划规　　　（b）扇形划规　　　（c）弹簧划规　　　（d）长划规

图2-3　常见划规示意图

4）划线盘

划线盘（图2-4）用来进行立体划线或在平板上找正工件的位置。它由底座、立柱、划针和夹紧螺母等组成。划针的直头端用来划线，而弯头端常用来找正工件的位置，例如找正工件表面与划线平板是否平行等。

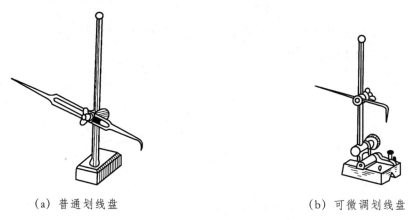

（a）普通划线盘　　　　　　　　（b）可微调划线盘

图2-4　划线盘

用划线盘划线时，应使划针基本上处于水平位置，不要倾斜太多；划针伸出的部分应尽量短些，这样划针的刚度较大，不易产生抖动；划针的夹紧也要可靠，避免在划线过程中尺寸变动；用手拖动底座划线时，应使它与平板表面紧贴，而无摇晃或跳动现象；划针与工件划线表面之间沿划线方向要倾斜一定角度，这也可减小划针在划线时的阻力和防止扎入粗糙表面；为了使拖动方便，还要求底座与平板的接触面都保持十分干净，以减少阻力。

毛坯划线和半成品划线所用的划针、划线盘和划规不应混用。划线盘用完后，必须将针尖朝下，以防伤人。

5）高度游标卡尺

高度游标卡尺（图 2-5）是精密量具之一。用来测量高度。因它附有划线量爪，故也可作为精密划线工具来代替划线盘。其读数值一般是 0.02 mm，划线精度可达 0.1 mm 左右。用高度游标卡尺划线时，划线量爪要垂直于划线表面一次划出，不得用量爪的两侧尖来划线，以免侧尖磨损，增大划线误差。

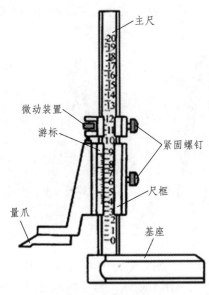

图 2-5　高度游标卡尺

6）90°角尺

90°角尺（图 2-6）可作为划垂直线及平行线的导向工具，还可用来找正工件在划线平板上的垂直位置，并可检查两面的垂直度。

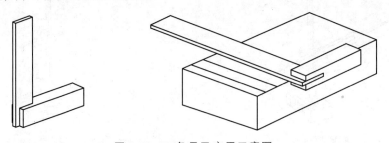

图 2-6　90°角尺及应用示意图

7）样冲

样冲（图 2-7）也叫尖冲子，用于在已划好的线上冲眼，以便保持牢固的划线标记，因工件在搬运、加工安装过程中可能把线条擦模糊。在使用划规划圆弧前，也要用样冲先在圆心上冲眼，作为划规脚尖的立脚点。

注意事项：

（1）冲眼应打在线宽的正中，不偏离所划的线条。

（2）冲眼间距可视线段长短决定且基本均布。一般在直线段上冲眼的间距可大些；在曲线段上间距要小些；而在线条的交叉转折处则必须要冲眼。

（3）冲眼的深浅要掌握适当。薄壁零件冲眼要浅些，以防工件损伤和变形；较光滑的表面冲眼也要浅，甚至不冲眼；而粗糙的表面可冲得深些。

（4）中心线、找正线、检查线、装配对位标记线等辅助线，一般应打双样冲眼。

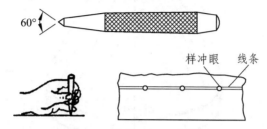

图 2-7 样冲及应用示意图

8）支承工具

V 形铁（图 2-8）主要用来支承有圆柱表面的工件。V 形铁用铸铁或碳钢制成，相邻各面互相垂直，V 形槽一般呈 90°或 120°夹角。在安放较长的圆柱工件时，需要选择两个等高的 V 形铁（它们是在一次装夹中同时加工完成的），这样才能使工件安放平稳，保证划线的准确性。这种成对 V 形铁不许单个使用。

方箱（图 2-9）是一个准确的空心立方体或长方体。其相邻平面互相垂直，相对平面互相平行。它用铸铁制成。

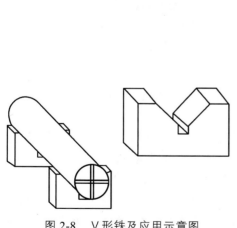

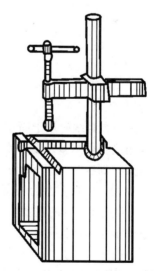

图 2-8 V 形铁及应用示意图　　　　图 2-9 方箱示意图

千斤顶（图 2-10）用来支承毛坯或形状不规则的划线工件，并可调整高度，使工件各处的高低位置调整到符合划线的要求。用千斤顶支承工件时，要保证工件稳定可靠。为此，要求 3 个千斤顶的支承点离工件的重心应尽量远些；在工件较重的部位放两个千斤顶，较轻的部位放一个千斤顶；工件上的支承点尽量不要选择在容易发生滑动的地方，以防工件突然翻倒。

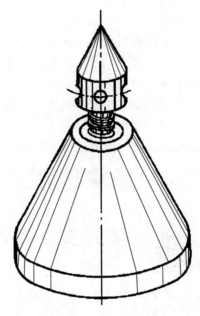

图 2-10　千斤顶示意图

斜铁（图 2-11）也可用来支承毛坯或不平的工件，其使用时比千斤顶方便，但只能作少量的调节。

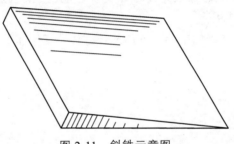

图 2-11　斜铁示意图

9）其他工具

C 形夹钳在划线时用于固定。

万能角度尺除测量角度、锥度之外，还可以作为划线工具划角度线。

中心架在划线时，用来确定空心圆形工件的圆心。

钢直尺用于测量零件的长度尺寸。它的测量结果不太准确，这是由于钢直尺的刻线间距为 1 mm，而刻线本身的宽度就有 0.1 ~ 0.2 mm，所以测量时读数误差比较大，只能读出毫米数，即它的最小读数值为 1 mm，比 1 mm 小的数值，只能估计而得。

手锤俗称榔头，是电工和其他维修工必不可少的工具。校直、錾削、维修和装卸零件等操作中都要用手锤来敲击。手锤由锤头、木柄和楔子（斜楔铁）组成，种类较多。若按锤头软硬来分，一般分为硬头手锤和软头手锤两种。硬头手锤用碳素工具钢锻制而成，并经热处理淬硬。软头手锤的锤头是用铅、铜、硬木、牛皮或橡皮制成的，多用于装配和矫正工作。

直角铁一般由铸铁制成，经过刨削和刮削，它的两个垂直平面垂直精度很高。直角铁上的孔或槽是搭压工件时穿螺栓用的。它常与 C 形夹钳配合使用。在工件上划底面垂线时，可将工件底面用 C 形夹钳和压板压紧在直角铁的垂直面上，划线非常方便。

2. 划线前的准备工作

划线前要做好各种准备工作。首先要看懂图纸和相关工艺文件，明确划线工作的具体内容。其次要查看毛坯或半成品的形状、尺寸是否与图纸和工艺文件要求相符，是否存在明显的外观缺陷。然后将要用的划线工具擦拭干净，摆放整齐，并做好划线部位的清理和涂色等工作。

1）工件的清理

毛坯上的氧化皮、毛边、残留的污垢泥沙以及已加工工件上的切屑、毛刺等，都必须清除干净，否则将影响涂色和划线的质量。

2）划线部位的涂色

为了使划出的线条清晰，一般都要在划线部位涂上一层涂料。常用的涂料是：

（1）在毛坯表面涂石灰水（可加适量牛皮胶）。

（2）在已加工表面涂蓝油（由 2%~4%龙胆紫、3%~5%虫胶漆和 91%~95%酒精配制而成）。

涂料都应涂得薄而均匀，才能保证线条清晰。涂得太厚则易脱落。

3）在工件孔中装中心塞块

在有孔的工件上划圆或等分圆周时，必须先求出孔的中心。为此，一般要在孔中装中心塞块。对于不大的孔，通常可用铅条敲入；较大的孔则可用木料或可调节的塞块（图 2-12）。

（a）木块　　　　　（b）铅条　　　　　（c）可调节塞块

图 2-12　孔中装中心塞块示意图

4）划线基准的确定

所谓"基准"就是"依据"之意。它用来确定工件上几何要素间的几何关系所依据的那些点、线、面。设计图纸上所采用的基准称为设计基准。划线时，也要选择工件上某个点、线或面作为依据，用它来确定工件其他的点、线、面尺寸和位置，这个依据称为划线基准。

划线基准应包括划线时确定尺寸的基准（它应尽可能与设计基准一致）、划线工件在平板上放置或找正的基准，前者是主要的，后者是辅助的。

平面划线时一般要划两个互相垂直方向的线条，立体划线时一般要划三个互相垂直方位的线条。因为每划一个方位的线条，就必须确定一个基准。所以，平面划线时要确定两个基准，而立体划线时通常要确定三个基准。确定平面划线时的两个基准，一般可参照以下三种类型来进行选择。

（1）以两条互相垂直的边线作为基准。

如图 2-13 所示，该零件上有垂直于两个方向的尺寸。可以看出，每一方向的许多尺寸大多是依照它们的外缘线确定的（个别的尺寸除外）。此时，就可把这两条边线分别确定为这两个方向的划线基准。

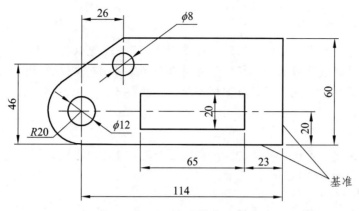

图 2-13   以两条直线作为基准

（2）以两条互相垂直的中心线作为基准。

如图 2-14 所示，该零件上两个方向的许多尺寸分别相对其中心线具有对称性，其他尺寸也从中心线起始标注。此时，就可把这两条中心线分别确定为这两个方向的划线基准。

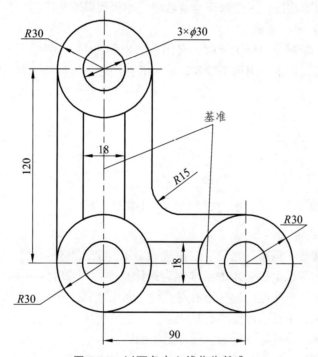

图 2-14   以两条中心线作为基准

（3）以互相垂直的一条直线和一条中心线作为基准。

如图 2-15 所示，该零件上高度方向的尺寸是以底线为依据而确定的，此底线就可作为高度方向的划线基准；而宽度方向的尺寸关于中心线对称，故中心线就可确定为宽度方向的划线基准。一个工件有很多线条要划，究竟从哪一根线开始呢？通常都要遵守从基准开始的原则，否则将会使划线误差增大，尺寸换算麻烦，有时甚至使划线产生困难和工作效率降低。正确地选择划线基准，可以提高划线的质量和效率，并相应地提高毛坯合格率。当工件上有已加工面（平面或孔）时，应该以已加工面作为划线基准，因为先加工表面的选择也是考虑了基准确定原则的。当毛坯上没有已加工面时，首次划线应选择最主要的（或大的）不加工面为划线基准，但该基准只能使用一次，在下一次划线时必须用已加工面作划线基准。

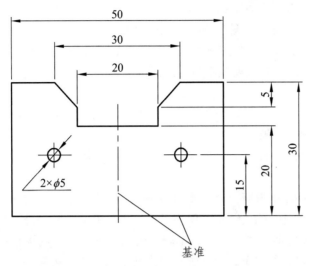

图 2-15　以一条直线和一条中心线作为基准

无论立体划线还是平面划线，它们的基准选择原则都是基本一致的，都应首先考虑与设计基准保持一致，所不同的只是把平面划线的基准线变为立体划线的基准平面或基准中心平面。

3. 划线时的找正和借料

1）找正

对于毛坯材料，划线前一般都要先做好找正工作。找正就是利用工具（如划线盘或 90°角尺等）使工件上有关的表面处于合适的位置。其目的是：

（1）当图纸上规定有不加工表面时，应按不加工面找正后再划加工线，以使待加工表面与不加工表面之间的尺寸均匀。如图 2-16 的轴承架毛坯，由于内孔与外圆不同心，在划内孔加工线之前，应先以不加工的外圆为找正依据，用单脚划规求出其中心，然后按求出的中心划出内孔的加工线。这样，内孔与外圆就可基本达到同心。

同样，在划底面加工线之前，应先以上平面 A（不加工面）为找正依据，用划线盘找正成水平位置，然后划出底面加工线。这样，底座各处的厚度就比较均匀。

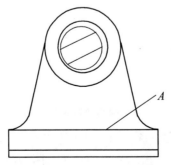

图 2-16　毛坯工件的找正示意图

（2）当毛坯上没有不加工表面时，应通过对各待加工表面自身位置的找正后再划线，可使各待加工表面的加工余量得到合理和较均匀的分布，而不致出现过多或过少的现象。

由于毛坯各表面的误差情况不同和工件的结构形状各异，找正工作要按工件的实际情况进行。例如，当工件上有两个以上的不加工面时，应选择其中面积较大的、较重要的或外观质量要求较高的面为主要找正依据，兼顾其他较次要的不加工表面，使划线后各主要不加工表面与待加工表面之间的尺寸（如壳体的壁厚、凸台的高低等）都尽量达到均匀和符合要求，而把难以弥补的误差反映到较次要或不显目的部位上去。

2）借料

大多数毛坯都存在一定的误差和缺陷。当误差不太大或有局部缺陷时，通过调整和试划，可以使各待加工表面都有足够的加工余量，加工后误差和缺陷便可排除，或使其影响减小到最低程度。这种划线时的补救方法就称为借料。借料的具体方法可通过以下两个具体例子加以说明。

（1）图 2-17（a）所示的圆环，是一个锻造毛坯。如果毛坯比较精确，就可按图纸尺寸进行划线，工作比较简单［图 2-17（b）］。但如果毛坯由于锻造误差使外圆与内孔产生了较大的偏心，则划线就不是那样简单了。例如，不顾及内孔去划外圆，则再划内孔时加工余量就不够［图 2-18（a）］；反之，如果不顾及外圆去划内孔，则同样在再划外圆时加工余量也就不够［图 2-18（b）］。因此，只有在内孔和外圆都兼顾的情况下，恰当地选好圆心位置，划出的线才可以保证内孔和外圆都具有足够的加工余量［图 2-18（c）］。这就说明通过借料以后，有误差的毛坯仍能很好地加以利用。当然，误差太大时也无法补救，只能作报废处理。

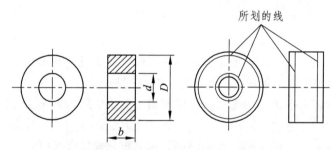

图 2-17　圆环图及其划线示意图

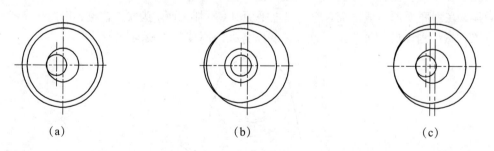

（a）　　　　　　　　　（b）　　　　　　　　　（c）

图 2-18　圆划线的借料示意图

（2）图 2-19 所示的齿轮箱体是一个铸件。由于铸造误差，使 A、B 两孔的中心距由 150 mm 缩小为 144 mm（A 孔偏移 6 mm）。按照简单的划法，因为凸台的外圆 125 mm 是不加工的，为了保证两孔加工后与其外圆同心，首先就应以此两孔的凸台外圆为找正依据，分别找出它们的中心，并保证两孔中心距为 150 mm，然后划出两孔的圆周尺寸线 ϕ75H7。但是，现在因 A 孔偏心过多，按上述简单方法划出的 A 孔便没有足够的加工余量 [图 2-19（a）]。

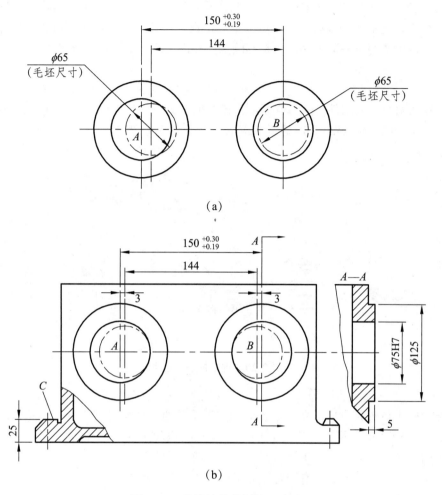

图 2-19　齿轮箱体的划线示意图

如果通过借料的方法来划线，即将 A 孔向左借过 3 mm，B 孔向右借过 3 mm，通过试划 A、B 两孔的中心线和内孔圆周尺寸线，就可发现两孔都有了适当的加工余量（最少处约有 2 mm），见图 2-19（b），从而使毛坯仍可利用。当然，由于把 A 孔的误差平均分布到了 A、B 两孔的凸台外圆上，所以划线结果要使凸台外圆与内孔产生一定偏心。但这样的偏心程度仅对外观质量有些影响，一般还是允许的。

划线时的找正和借料这两项工作是有机地结合进行的。如上例的箱体除了 A、B 两孔的加工线外，毛坯其他部位实际上还有许多线需要划（图中未把全部尺寸都标注出）。在划底面加工线时，因为平面 C 面是不加工面，为了保证此不加工面与底面之间的厚度 25 mm 在各处均匀，划线时要首先以 C 面为依据进行找正，而且在对 C 面进行找正时，由于必然会影响 A、B 两孔中心的高低，就可能又要作适当的借料。因此，一定要在各方互相兼顾的基础上，把找正和借料结合起来进行，才能同时使有关的各方面都满足要求，片面考虑某一方面，是不可能做好划线工作的。

（四）下料

机械制造领域，所谓的下料是指确定制作某台设备或产品所需的材料形状、数量或质量后，按照特定工艺从整个或整批材料中取下一定形状、数量或质量的材料的操作过程。下料是产品或部件生产的第一道工序，也是影响生产和产品质量的关键工序。

1. 手锯切割下料

用手锯对材料（或工件）进行锯断或锯槽等加工方法称为锯削。图 2-20（a）所示为把材料（或工件）锯断，图 2-20（b）所示为锯掉工件上的多余部分，图 2-20（c）所示为在工件上锯槽。

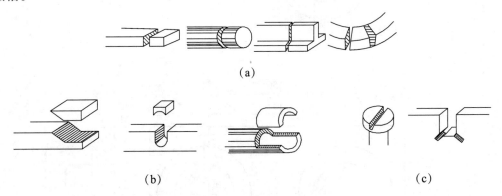

（a）

（b）　　　　　　　　　　　　　　　　　　　（c）

图 2-20　锯削的三种应用

1）手锯

手锯为木工鼻祖鲁班所发明，最古老的木工手锯通常结构呈现为曰字形状，通过调节锯条对侧螺丝的松紧来使锯条绷直以方便作业。经过不断地改良，手锯现在越来越小巧，也多出了更多的品种。目前，常见手锯由锯弓和锯条两部分组成。

锯弓是用来张紧锯条的，有固定式和可调节式两种（图 2-21）。

（a）可调节式　　　　　　　　　　　　　（b）固定式

图 2-21　锯弓结构示意图

固定式锯弓只能安装一种长度的锯条。可调节式锯弓则通过调整可安装几种长度的锯条。锯弓两端各有一个夹头，锯条孔被夹头上的销子插入后，旋紧翼形螺母就可把锯条拉紧。

锯条一般用渗碳钢冷轧而成，也有用碳素工具钢或合金钢制成，并经热处理淬硬的。

锯条长度是以两端安装孔的中心距来表示的，钳工常用的是 300 mm 长锯条。

（1）锯齿的角度。锯条的切削部分是由许多锯齿组成的，好像是一排同样形状的錾子。由于锯削时要求有较高的工作效率，必须使切削部分具有足够的容屑空间，故锯齿的后角较大。为了保证锯齿具有一定的强度，楔角也不宜太小。综合以上要求，锯条的锯齿角度是：后角 $\alpha_0 = 40°$，楔角 $\beta_0 = 50°$，前角 $\gamma_0 = 0°$，如图 2-22 所示。

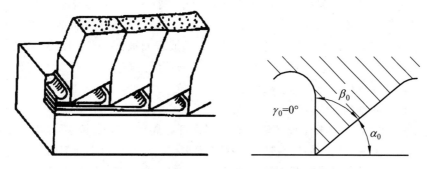

图 2-22　锯齿的形状和角度示意图

（2）锯路。在制造锯条时，全部锯齿是按一定的规则左右错开，排列成一定的形状称为锯路。锯路有交叉形和波浪形等（图 2-23）。锯条有了锯路后，可使工件上被锯出的锯缝宽度 H 大于锯条背的厚度 S。这样，锯削时锯条就不会被卡住，锯条与锯缝的摩擦阻力也较小，因此工作比较顺利，锯条也不致因过热而加快磨损。

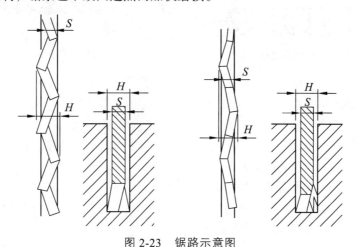

图 2-23　锯路示意图

H—锯路宽度；　S—锯条厚度

锯齿的粗细是以锯条每 25 mm 长度内的齿数来表示的，有 14、18、24 和 32 等几种。齿数愈多则表示锯齿愈细。粗齿锯条的容屑槽较大，适用于锯软材料和较大的表面，因为此时每推锯一次所锯下的切屑较多，容屑槽大可防止产生堵塞。

细齿锯条适用于锯硬材料，因硬材料不易锯入，每锯一次的切屑较少，不会堵塞容屑槽，而锯齿增多后，可使每齿的锯削量减少，材料容易被切除。在锯削管子或薄板时必须用细齿锯条，否则锯齿很易被钩住甚至折断。严格地讲，薄壁材料的锯割截面上至少应有两个齿以上同时参加切削，才可能避免锯齿被钩住的现象。

2）锯削的基本方法

（1）起锯。

起锯是锯削工作的开始，起锯质量的好坏直接影响锯削的质量。起锯有远起锯和近起锯两种。一般情况下采用远起锯较好，因为此时锯齿是逐渐切入材料的，锯齿不易被卡住，起锯比较方便。如果用近起锯，则掌握不好时，锯齿由于突然切入较深，容易被工件棱边卡住甚至被崩断。无论用哪一种起锯法，起锯角 α 都要小（宜小于 15°）。若起锯角太大，则起锯不易平稳；但起锯角也不宜太小，否则，由于锯条与工件同时接触的齿数较多，反而不易切入材料，使起锯次数增多，锯缝就容易发生偏离，造成表面被锯出多道锯痕而影响锯削质量。为了起锯平稳和准确，可用左手拇指挡住锯条，使锯条保持在正确的位置上起锯。起锯时施加的压力要小，往复行程要短，速度要慢些。

（2）各种材料的锯削方法。

棒料的锯削断面如果要求比较平整，应从起锯开始连续锯到结束。若锯出的断面要求不高，可改变几次锯削的方向，使棒料转过一个角度再锯，这样，由于锯削面变小而容易锯入，可提高工作效率。锯毛坯材料时断面质量要求一般不高，为了节省时间，可分几个方向锯削，每个方向不锯到中心，然后把它折断（图 2-24）。

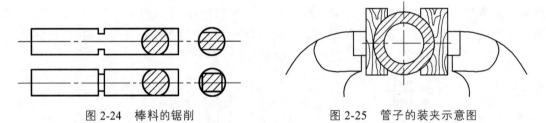

图 2-24　棒料的锯削　　　　　　　　图 2-25　管子的装夹示意图

锯削管子时，首先要把管子正确地装夹好。对于薄壁管子和加工过的管件，应夹在有 V 形或弧形槽的木块之间（图 2-25），以防夹扁和夹坏表面。锯削时必须选用细齿锯条，一般不要在一个方向从开始连续锯到结束，因为锯齿容易被管壁钩住而崩断，尤其是薄壁管子更应注意这点。正确的方法是锯到管子内壁处，然后把管子转过一个角度，仍旧锯到管子的内壁处，如此逐渐改变方向，直至锯断为止 [图 2-26（a）]。薄壁管子改变方向时，应使已锯的部分向锯条推进方向转动，否则锯齿仍有可能被管壁钩住 [图 2-26（b）]。

锯薄板料除选用细齿锯条外，要尽可能从宽的面上锯下去，锯条相对工件的倾斜角应不超过 45°，这样锯齿不易被钩住。如果一定要从板料的狭面锯下去时，应该把它夹在两木块之间，连木块一起锯下，这样可避免锯齿钩住，同时也增加了板料的刚度，锯削时不会弹动 [图 2-27（a）]；或者，把薄板料夹在台虎钳上，用手锯作横向斜推锯，使锯齿与薄板接触齿数增加，避免锯齿崩裂 [图 2-27（b）]。

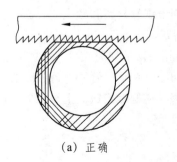

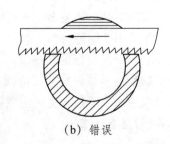

（a）正确　　　　　　　　　　　　　　（b）错误

图 2-26　管子的锯削示意图

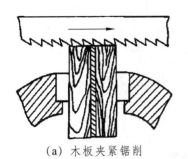
（a）木板夹紧锯削

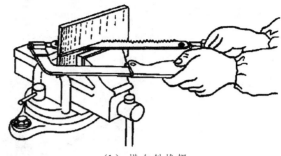
（b）横向斜推锯

图 2-27 薄板料锯削方法示意图

当工件的锯缝深度超过锯弓高度时属于深缝［图 2-28（a）］。这时，工件应夹在台虎钳的左面，以便操作。为了控制锯缝不偏离划线，锯缝线条要与钳口侧面保持平行，距离约 20 mm。工件夹紧要牢靠，既要防止工件变形或被夹坏，又要防止工件在锯削时弹动，从而损坏锯条或影响锯缝质量。当锯弓碰到工件前，应将锯条转过 90°重新安装，使锯弓转到工件的左侧［图 2-28（b）］，也可把锯条安装成使锯齿朝锯弓内进行锯削［图 2-28（c）］。

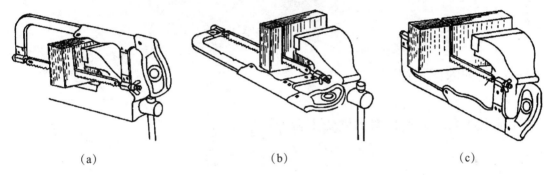

（a）   （b）   （c）

图 2-28 锯深缝示意图

2. 锯床切割下料

锯床是以圆锯片、锯带或锯条等为刀具，锯切金属圆料、方料、管料和型材等的机床（图 2-29）。锯床的加工精度一般都不很高，多用于备料车间切断各种棒料、管料等型材。锯床由主动轮和从动轮带动锯条运转，锯条断料方向由导轨控制架控制。通过调整自转轴承将带锯条调正调直，经过扫削器将锯削扫掉。由液压油缸活塞杆支撑导轨控制架下落进锯断料，带锯床上装有手动或液压油缸夹料锁紧机构，以及液压操作阀开关等。

图 2-29 卧式锯床

3. 砂轮切割下料

砂轮切割机，又叫砂轮锯（图2-30）。砂轮切割机适用于建筑、五金、石油化工、机械冶金及水电安装等部门。砂轮切割机可对金属方扁管、方扁钢、工字钢、槽型钢、碳圆钢、圆管等材料进行切割。

图 2-30　砂轮切割机

三、实训内容及过程

实训项目 I：20 钢板材的锯切下料

1. 划线

（1）看清图纸，详细了解工件上需要划线的部位；明确工件及其划线有关部分在产品上的作用和要求；了解有关的后续加工工艺。

（2）确定划线基准。

（3）初步检查毛坯的误差情况。

（4）正确安装工件和选用工具。

（5）清理、涂色和划线。

（6）仔细检查划线的准确性以及是否有线条漏划。

（7）在线条上冲眼。

2. 手工锯切

1）锯条的安装

手锯是在向前推进时进行切削的，所以锯条安装时要保证锯齿的方向正确［图2-31（a）］。如果装反了［图2-31（b）］，则锯齿前角变为负值，切削很困难，不能进行正常的锯削。

锯条的松紧在安装时也要控制适当，太紧使锯条受力太大，在锯削中稍有卡阻而受到弯折时，就很易崩断；太松则锯削时锯条容易扭曲，也很可能折断，而且锯缝容易发生歪斜。装好的锯条应使它与锯弓保持在同一中心平面内，这对保证锯缝正直和防止锯条折断都比较有利。

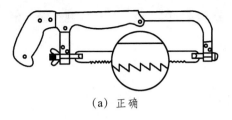
（a）正确

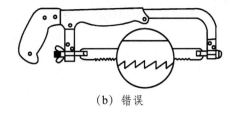
（b）错误

图 2-31 锯条安装示意图

2）手锯的握法和锯削姿势、压力及速度

（1）手锯的握法：右手满握锯弓手柄，左手轻扶锯弓前端（图 2-32）。

（2）锯削姿势：锯削的站立姿势和锉削基本一致，摆动要自然（图 2-33）。

（3）锯削时的压力：右手控制推力、压力，左手主要配合右手正锯弓。锯硬材料时速度要慢些，压力要大，压力太小锯齿就不容易切入，可能打滑使锯齿变钝；锯软材料时速度要快些压力要小，压力大了会使锯齿切入过深而产生咬住现象，容易崩齿。

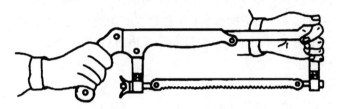

图 2-32 手锯的握法示意图

图 2-33 锯削姿势示意图

（4）锯弓的运动方式有两种：一是直线运动（它与平面锉削锉刀的运动一样，适合初学者，常用于有锯削尺寸要求，并要求锯缝底面平直的工件，要求同学们认真掌握）；另一种是小幅度的上下摆动式运动（即推进时左手上翘，右手下压，回程时右手上抬，左手自然跟回）。

（5）锯削的速度：30~40 次/min。（推进时稍慢，压力适当，保持匀速；回程时不施加压力，速度稍快。最好使锯条的全长都加入切削，应使手锯的往复行程的长度不小于锯条全长的 2/3。）

3）工件的装夹

（1）工件夹持在台虎钳的左侧。

（2）工件锯缝离开钳口侧面 20 mm 左右（不应过长，防止振动）。

（3）锯缝要与钳口侧面保持平行（锯缝线要与铅垂线方向一致，便于控制锯缝不偏离划线线条）。

（4）避免夹伤已加工表面及避免将工件夹变形。

3. 锯床锯切

（1）打开锯床总电源。

（2）装夹工件。

按住锯床栋梁上移开关，使锯床栋梁上移到合适位置方便放料，根据加工材料的范围，顺时针转动手动手柄或向上扳动台虎钳液压开关手柄，将台虎钳松开到合适位置后复位；将条料放入工作台面，按下锯床下移开关，当锯齿离工件为 20~30 mm 时点动上移开关，当锯齿距工件表面为 10~20 mm 时用钢板尺或角尺截取要锯削的尺寸，调节好工件的位置后，逆时针转动手动手柄或向下扳动台虎钳液压开关手柄将台虎钳夹紧后复位。结合安全锯削和工件精度要求，在夹紧工件时注意：要拿木槌敲击工件表面使工件底部与工作平面完全贴合，调节台虎钳使夹紧的工件与锯条运转方向垂直；工件装夹必须过台虎钳中心线 5~10 cm，如果工件较短需在台虎钳另一端垫上与工件夹紧部位同等规格的材料，使加工工件完全夹紧，避免加工过程中产生震动使锯条绷断伤人。

（3）对刀。

点动锯床栋梁下移开关，调节锯齿距工件加工表面距离为 2~5 mm；根据工件的加工范围和材质，调节锯床进给速度开关，选择合适的锯削速度，调节栋梁上小滑板之间的距离 S 到合适位置（$S \geqslant$ 工件切削宽度 60 mm 左右）。

（4）启动锯床锯条运转开关开始锯削加工。

合上锯削安全挡板，保障锯削过程中的安全；启动带锯运转开关进行切削工作。

（5）加工结束。

按住锯床栋梁上移开关，使锯条上升至工件表面之上；按下带锯运转启动开关，使锯条停止运转；顺时针转动手动手柄或向上扳动台虎钳液压开关手柄，将夹紧工件的台虎钳松开后复位，取出工件；清理带锯床周围的锯屑和冷却液等；在工作台面上垫上木头，按下锯床下移开关，使栋梁上螺丝与木头接触，从而使栋梁与油缸得到完全休息；关闭锯床总电源。

※ 注意事项

（1）非专业技工人员或未经上岗培训者，不得操作/启动此机床。

（2）穿松散衣服，衣袖太长者，不可操作此机床。

（3）长发没扎好，穿拖鞋者，不得操作此机床。

（4）检查机床同附属零件电源线有无反搭错及凌乱现象。

（5）机床附属工具是否整齐稳固。

（6）机床各部位控制按钮是否损坏。

（7）打开机床总电源查看机床有无漏电。

（8）挂脚未锁紧，工件未夹紧时，不准开机工作。

（9）检查锯条状态、位置、张紧力是否合适。

实训项目Ⅱ：45 钢棒材的砂轮切割下料

砂轮切割机安全操作规程：

（1）使用砂轮切割机应使砂轮旋转方向尽量避开附近的工作人员，被切割的物料不得伸入人行道。

（2）不允许在有爆炸性粉尘的场所使用切割机。

（3）移动式切割机底座上（2个或4个）支承轮应齐全完好，安装牢固，转动灵活。安置时应平衡可靠，工作时不得有明显的震动。

（4）穿好合适的工作服，不可穿过于宽松的工作服，严禁戴首饰或留长发，严禁戴手套及袖口不扣进行操作。

（5）夹紧装置应操纵灵活、夹紧可靠，手轮、丝杆、螺母等应完好，螺杆螺纹不得有滑丝、乱扣现象。手轮操纵力一般不大于 60 N。

（6）操作手柄杠杆应有足够的强度和刚性，装上全部零件后能保持砂轮自由抬起。

（7）操作手柄杠杆转轴应完好，转动灵活可靠，与杠杆装配后应用螺母锁住。

（8）加工的工件必须夹持牢靠，严禁工件装夹不紧就开始切割。

（9）严禁在砂轮平面上修磨工件的毛刺，防止砂轮片碎裂。

（10）切割时操作者必须偏离砂轮片正面，并戴好护眼镜。

（11）中途更换新切割片或砂轮片时，必须切断电源，不要将锁紧螺母锁得太紧，防止锯片或砂轮片崩裂发生意外。

（12）更换砂轮切割片后要试运行检查是否有明显的震动，确认运转正常后方能使用。

（13）操作盒或开关必须完好无损，并有接地保护。

（14）传动装置和砂轮的防护罩必须安全可靠，并能挡住砂轮破碎后飞出的碎片。端部的挡板应牢固地装在罩壳上，工作时严禁卸下。

（15）操作人员操纵手柄做切割运动时，用力应均匀、平稳，切勿用力过猛，以免过载使砂轮切割片崩裂。

（16）设备出现抖动及其他故障，应立即停机修理。

（17）使用完毕，切断电源，并做好设备及周围场地卫生。

实训项目Ⅲ：铝合金的线切割下料

（1）按给定的图形，编制加工程序，由键盘输入计算机控制器。

（2）在数控电火花线切割机床上按给定的图形加工出合格的工件。

（3）观察电源脉冲参数及进给量改变对脉冲放电波形的影响。

（4）测算加工生产率和单边放电间隙，观察加工后的表面粗糙度。

线切割机安全操作规程：

（1）开机前应充分了解机床性能、结构、正确的操作步骤。

（2）每次新安装完钼丝后或钼丝过松，在加工前都要紧丝。

（3）操作储丝筒后，应及时将手摇柄取出，防止储丝筒转动时手摇柄甩出伤人。

（4）工作前，应检查各连接部分插接件是否一一对应连接。

（5）工作前，必须严格按照润滑规定进行注油润滑，以保持机床精度。

（6）工作前，应检查工作液箱中的工作液是否足够，水管和喷嘴是否畅通，不应有堵塞现象。

（7）根据图纸尺寸及工件的实际情况计算坐标点编制程序，注意工件装夹方法和钼丝直径，选择合理的切入位置。

（8）工件装夹必须牢靠，且置于工作台行程的有效范围内，工件及夹具在切割过程中，不应碰到线架的任何部位。检查调整钼丝垂直度，开启走丝开关，检查钼丝是否抖动。

（9）切割工件时，必须先合上切割台上的工作液电机开关和运丝电机开关，待调好工作液流量后方能进行切割。

（10）禁止用手或导体接触电极丝或工件，也不准用湿手接触开关或其他电器部分。

（11）如发现故障，要立即切断机床电源，查明原因，排除故障后方可继续工作。

（12）加工完后，应将冷却液擦拭干净，打扫现场卫生。

模块三　传统机加工

一、实训目的

（1）了解传统机加工的基本知识、工艺特点及加工范围。

（2）熟悉传统机加工的各项基本操作方法，并能按图纸的技术要求正确、合理地选择传统机加工工艺。

（3）能独立加工简单零件，具有一定的操作技能。

二、实训预备知识

机械加工，简称机加工，是指按照图纸的外形和尺寸要求，通过传统机械加工的方式精确去除毛坯多余材料的工艺，使毛坯达到图纸要求的形位公差。传统机械加工具体工艺主要有车、铣、磨、钳、钻、镗、刨、冲、锯等方法。

现代机械加工分为手动加工和数控加工两大类：手动加工是指操作员操作车床、铣床、磨床等机械设备对工件进行精密处理，适合单件、小批量零件的生产；而数控加工则是操作员给 CNC（计算机数控）设备设置程序语言，CNC 通过识别和解释程序语言来控制数控机床的轴自动按要求加工，适合大批量、形状复杂零件的加工。

（一）加工方法的选择

1. 回转面加工方法的选择

每一种回转面都有很多种加工方法，具体选择时应根据零件的材料、毛坯种类、结构形状、尺寸、加工精度、粗糙度、技术要求、生产类型及工厂的生产条件等因素来决定，以确保加工质量和降低生产成本。

1）外圆表面加工

外圆表面的技术要求包括尺寸与形状精度、位置精度、表面质量等。各种加工要求的外圆表面的加工方案如下所示，供选用时参考。

① 精车→半精车→磨。

② 精车→半精车→粗磨→精磨→研磨或超级光磨。

③ 精车→半精车→精车→细精车→研磨。

在选择加工方法时，一般应注意以下几点：

① 一般最终工序采用车加工方案的，适用于各种金属（淬火钢除外）。

② 最终工序采用磨加工方案的，适用于淬火钢、未淬火钢和铸铁，但不宜加工强度低、韧性大的有色金属。磨削前的车削精度无须很高，否则对车削不经济，对磨削也无意义。

③ 最终工序采用精细车或研磨方案的，适用于有色金属的精加工。

④ 研磨、超级光磨和高精度小粗糙值磨削前的外圆精度和粗糙度对生产率和加工质量影响极大，所以在研磨或高精度磨削前一般都要进行精磨。

⑤ 对尺寸精度要求不高、粗糙度值要求高而光亮的外圆，可通过抛光达到要求。

2）孔加工

零件上的孔多种多样，常见的有螺栓螺钉孔、油孔、套筒、齿轮、端盖上的轴向孔，箱体上的轴承孔，深孔（深径比 $L/D>5$），等。

常用的各种孔的加工方案如下所示，供选用时参考。

① 钻→铰。

② 钻→扩→粗铰→精铰→研磨或手铰。

③ 钻→粗镗→（半精镗）→粗磨→精磨→研磨。

④ 钻→粗镗→半精镗→磨。

⑤ 钻→粗镗→半精镗→精镗→精细镗。

钻孔适用于各种批量生产中，对各类零件和各种材料（淬火钢除外）的实体进行孔加工。

（1）加工公差等级为 IT9 的孔，如孔径小于 10 mm 时，可采用钻铰方案；孔径小于 30 mm 的孔，可采用钻模钻孔，或采用钻孔后扩孔；孔径大于 30 mm 的孔，一般采用钻孔后镗孔，镗孔常用于单件小批量生产。

（2）加工公差等级为 IT8 的孔，当孔径小于 20 mm 时，可采用钻孔后铰孔；若孔径大于 20 mm，可视具体情况，采用钻→扩（或镗）→铰方案。此方案适用于加工除淬火钢以外的各种金属，但孔径应在 $\phi20$ mm~$\phi80$ mm 范围内。此外，也可采用最终工序为精镗或拉的方案。淬火钢可采用磨削加工。

（3）加工公差等级为 IT7 的孔，当孔径小于 12 mm 时，一般采用钻孔后进行两次铰孔的方案；孔径大于 12 mm 时，可采用钻→扩（或镗）→粗铰→精铰的方案，或采用最终工序为精拉或精磨的方案。精拉适用于一批大量的生产，精磨适用于加工淬火钢、不淬火钢和铸铁，但不宜加工硬度低、韧性大的有色金属。

（4）加工公差等级为 IT6 的孔，其最终工序要视具体情况进行选择。例如韧性较大的有色金属不宜采用珩磨，可采用研磨或精细镗；研磨对大孔、小孔均可加工，而珩磨适于加工较大的孔。

（5）对于已经铸出或锻出的孔（一般为中、大尺寸的孔），可直接进行扩孔或镗孔，直径在 100 mm 以上的孔，用镗孔比较方便。

（6）加工盘套类零件中间部位的孔，为保证孔与外圆、端面的位置精度，一般是在车床上将孔与外圆、端面一次装夹加工出来。在成批生产或深径比较大时，应采用钻→扩→铰方案；若零件需要淬火，则应在半精加工后安排淬火再进行磨削。

2. 平面加工方法的选择

平面加工的技术要求主要包括：形状精度；位置精度、尺寸精度以及平行度、垂直度等；表面质量等。常用的平面加工方案如下，可供参考：

① 粗刨（粗铣）→拉削。

② 粗刨（粗铣）→精刨→刮削（高速精铣）。

③ 粗刨（粗铣）→刮削（高速精铣）→精磨→研磨。

④ 粗刨（粗铣）→粗磨→精磨→研磨。

⑤ 粗车→半精车→精车。

⑥ 粗车→半精车→精磨→研磨。

在选择平面加工方法时，应注意以下几点：

（1）最终工序采用刮削时，用于要求直线度高、粗糙度值小且不淬硬的平面。当批量较大时，可采用宽刃细刨代替刮削，以提高生产率和减轻劳动强度。尤其是加工狭长的精密平面（如导轨面），或缺少导轨磨床时，常采用宽刃细刨。

（2）最终工序采用高速精铣时，适于加工精度要求高的有色金属工件。若采用高精度高速铣床和金刚石刀具，铣削表面粗糙度 R_a 值可在 0.008 μm 以下。

（3）最终工序采用磨削时，适于加工要求直线度高、粗糙度值小的淬硬工件和薄片工件，也用于不淬硬的钢件或铸件上较大平面的精加工。但不宜精加工塑性大的有色金属。

（4）精车主要用于加工轴、套、盘等回转体零件的端面；大型盘类零件的端面，一般在立式车床上加工。车床上加工端面易保证端面与轴线的垂直度要求。

（5）拉削平面加工精度高、生产率高、拉刀寿命长，是一种先进的加工方法，适于大批大量生产中加工质量要求较高而面积不太大的平面。

（6）研磨适于加工高精度、小粗糙度值表面，例如块规等精度零件的工作面。对于精度要求不高，仅要求光亮和美观的零件，可采用抛光加工。

（二）车削加工

1. 车削加工的特点及应用

车削加工是在车床上利用车刀对工件的旋转表面进行切削加工的方法。它主要用来加工各种轴类、套筒类及盘类零件上的旋转表面和螺旋面，其中包括内外圆柱面、内外圆锥面、内外螺纹、成型回转面、端面、沟槽以及滚花等。此外，还可以钻孔、扩孔、铰孔、攻螺纹等。车削加工精度一般为 IT8~IT7，表面粗糙度为 R_a=6.3~1.6 μm；精车时，加工精度可达 IT6~IT5，粗糙度 R_a 可为 0.4~0.1 μm，见表 3-1。

表 3-1 常用车削精度与相应表面粗糙度

加工类别	加工精度	表面粗糙度值 R_a/μm	表面特征
粗车	IT12	25~50	可见明显刀痕
	IT11	12.5	可见刀痕
半精车	IT10	6.3	可见加工痕迹
	IT9	3.2	微见加工痕迹
精车	IT8	1.6	不见加工痕迹
	IT7	0.8	可辨加工痕迹方向
精细车	IT6	0.4	微辨加工痕迹方向
	IT5	0.2	不辨加工痕迹

车削加工范围广、适应性强，不但可以加工钢、铸铁及其合金，还可以加工铜、铝等有色金属和某些非金属材料，不但可以加工单一轴线的零件，也可以加工曲轴、偏心轮或盘形凸轮等多轴线的零件。车削加工生产率高、刀具简单，其制造、刃磨和安装都比较方便。

由于上述特点，车削加工无论在单件、小批，还是大批大量生产以及在机械的维护修理方面，都占有重要的地位。

2. 车削设备

车床是主要用车刀对旋转的工件进行车削加工的机床。在车床上还可用钻头、扩孔钻、铰刀、丝锥、板牙和滚花工具等进行相应的加工。

车床（Lathe）的种类很多，按结构和用途可分为卧式车床、立式车床、仿形及多刀车床、自动和半自动车床、仪表车床和数控车床等。其中卧式车床应用最广，是其他各类车床的基础。常用的卧式车床有 C6132A、C6136、C6140 等几种，具有性能良好、先进、操作轻便、通用性强和外形整齐美观等优点。但其自动化程度较低，适用于单件小批生产，加工各种轴、盘、套等类零件上的各种表面或机修车间。图 3-1 为 CA6140 型卧式车床的外形图。

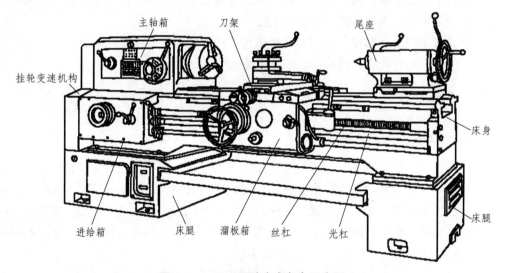

图 3-1　CA6140 型卧式车床示意图

卧式车床的主要部件有以下几种。

（1）主轴箱。主轴箱固定在床身的左端。主轴箱内装有变速机构和主轴，其功能是支承主轴，使它旋转、停止、变速、变向。变速是通过改变设在主轴箱外面的手柄位置，可使主轴获得 12 种不同的转速（45～1 980 r/min）。主轴是空心的，中间可以穿过棒料。主轴的前端装有卡盘，用以夹持工件。车床的电动机经 V 带传动，通过主轴箱内的变速机构，把动力传给主轴，以实现车削的主运动。

（2）刀架。刀架装在床身的床鞍导轨上。刀架的功能是安装车刀，一般可同时装 4 把车刀。床鞍的功用是使刀架做纵向、横向和斜向运动。刀架位于 3 层滑板的顶端。最底层的滑板称为床鞍，它可沿床身导轨纵向运动，可以机动也可以手动，以带动刀架实现纵向进给。第二层为中滑板，它可沿着床鞍顶部的导轨做垂直于主轴方向的横向运动，也可以机动或手动，以带动刀架实现横向进给。最顶层为小滑板，它与中滑板以转盘连接，因此，小滑板可在中滑板上转动。调整好某个方向后，可以带动刀架实现斜向手动进给。

（3）尾座。尾座安装在床身的尾座导轨上，可沿床身导轨纵向运动以调整其位置。尾座的功用是用后顶尖支承长工件和安装钻头、铰刀等进行孔加工。尾座可在其底板上做少量的横向运动，以便用后顶尖顶住工件车锥体。

（4）床身。床身固定在左床腿和右床腿上。床身用来支承和安装车床的主轴箱、进给箱、溜板箱、刀架、尾座等，使它们在工作时保证准确的相对位置和运动轨迹。床身上面有两组导轨——床鞍导轨和尾座导轨。床身前方床鞍导轨下装有长齿条，与溜板箱中的小齿轮啮合，以带动溜板箱纵向移动。

（5）溜板箱。溜板箱固定在床鞍底部。它的功用是将丝杠或光杠的旋转运动，通过箱内的开合螺母和齿轮齿条机构，使床鞍纵向移动，中滑板横向移动。在溜板箱表面装有各种操纵手柄和按钮，用来实现手动或机动、进给或车螺纹、纵向进给或横向进给、快速进退或工作速度移动等等。

（6）进给箱。进给箱固定在床身的左前侧。箱内装有进给运动变速机构。进给箱的功用是让丝杠旋转或光杠旋转，改变机动进给的进给量和被加工螺纹的导程。

（7）丝杠。丝杠左端装在进给箱上，右端装在床身右前侧的挂脚上，中间穿过溜板箱。丝杠专门用来车螺纹。溜板箱中的开合螺母合上，丝杠就带动床鞍移动车制螺纹。

（8）光杠。光杠左端装在进给箱上，右端装在床身右前侧的挂脚上，中间穿过溜板箱。光杠专门用于实现车床的自动纵、横向进给。

（9）挂轮变速机构。它装在主轴箱和进给箱的左侧，其内部的挂轮连接主轴箱和进给箱。交换齿轮变速机构的用途是车削特殊的螺纹（英制螺纹、径节螺纹、精密螺纹和非标准螺纹等）时调换齿轮用。

3. 卧式车床的主要操作

1）主轴变速的调整

主轴变速可通过调整主轴箱前侧各变速手柄的位置来实现。不同型号的车床，其手柄的位置不同，但一般都有指示转速的标记或主轴转速表来显示主轴转速与手柄的位置关系，需要时，只需按标记或转速表的指示，将手柄调到所需位置即可。若手柄扳不到位时，可用手轻轻扳动主轴。

2）进给量的调整

进给量的大小是靠调整进给箱上的手柄位置或调整挂轮箱内的配换齿轮来实现的，一般是根据车床进给箱上的进给量表中的进给量与手柄位置的对应关系进行调整的。即先从进给量表中查出所选用进给量数值，然后对应查出各手柄的位置，将各手柄扳到所需位置即可。

3）螺纹种类移换及丝杠或光杠传动的调整

一般车床均可车制米制和英制螺纹。车螺纹时必须用丝杠传动，而其他进给则用光杠传动。实现螺纹种类的移换和光、丝杠传动的转换，一般是采取一个或两个手柄控制。不同型号的车床，其手柄的位置和数目有所不同，但都有符号或汉字指示，使用时按符号或汉字指示扳动手柄即可。

4）手动手柄的使用

一般来说，操作者面对车床，顺时针摇动纵向手动手柄，刀架向右移动；逆时针转动时，刀架向左。顺时针摇动横向手柄，刀架向前移动；逆时针摇动则相反。此外，小滑板手轮也可以手动，使小滑板做少量移动。

5）自动手柄的使用

一般车床控制自动进给的手柄设在溜板箱前面，并且在手柄两侧都有文字或图形表明自动进给的方向，使用时只需按标记扳动手柄即可。如果是车削螺纹，则需由开合螺母手柄控制，将开合螺母手柄置于"合"的位置即可车削螺纹。

6）主轴启闭和变向手柄的使用

一般车床都在光杠下方设有一操纵杆式开关，来控制主轴的启闭和变向，当电源开关接通后，操作杆向上提为正转，向下按为反转，中间位置为停止。

7）操作车床注意事项

（1）开车前要检查各手柄是否处于正确位置、机床上是否有异物、卡盘扳手是否移开，确定无误后再进行主轴转动。

（2）机床未完全停止前严禁变换主轴转速，否则可能发生严重的主袖箱内齿轮打齿现象，甚至发生机床事故。纵向和横向手柄进退方向不能摇错，尤其是快速进、退刀时要千万注意，否则可能发生工件报废或安全事故。

（三）铣削加工

1. 铣削加工的特点及应用

在铣床上利用铣刀的旋转和工件的移动对工件进行切削加工，称为铣削加工。铣削是将毛坯固定，用高速旋转的铣刀在毛坯上走刀，切出需要的形状和特征。传统铣削较多地用于铣轮廓和槽等简单外形特征。数控铣床可以进行复杂外形和特征的加工。铣镗加工中心可进行三轴或多轴铣镗加工，用于加工模具、检具、胎具、薄壁复杂曲面、人工假体、叶片等。在选择数控铣削加工内容时，应充分发挥数控铣床的优势和关键作用。

铣削主要用来对各种平面、各类沟槽等进行粗加工和半精加工，用成型铣刀也可以加工出固定的曲面。其加工精度一般为 IT9 ~ IT7，表面粗糙度为 $R_a 6.3 \sim 1.6$ μm。

通过铣削加工，可以铣削平面、台阶面、成型曲面、螺旋面、键槽、T 形槽、燕尾槽、螺纹、齿形等，如图 3-2 所示。

铣削加工一般具有如下几个特点：

① 采用多刃刀具加工，刀刃轮替切削，刀具冷却效果好，耐用度高。

② 铣削加工生产效率高、加工范围广，在普通铣床上使用各种不同的铣刀可以完成加工平面（平行面、垂直面、斜面）、台阶、沟槽（直角沟槽、V 形槽、T 形槽、燕尾槽等特形槽）、特形面等加工任务。加上分度头等铣床附件的配合运用，还可以完成花键轴、螺旋轴、齿式离合器等工件的铣削。

③ 铣削加工具有较高的加工精度，其经济加工精度一般为 IT9~IT7，表面粗糙度 R_a 值一般为 12.5~1.6 μm。精细铣削精度可达 IT5，表面粗糙度 R_a 值可达到 0.20 μm。

正因为铣削加工具有以上特点，它特别适合模具等形状复杂的组合体零件的加工，在模具制造等行业中占有非常重要的地位。随着数控技术的快速发展，铣削加工在机械加工中的作用越来越重要，尤其是在各种特形曲面的加工中，有着其他加工方法无法比拟的优势。目前，在五坐标数控铣削加工中心上，甚至可以高效率地连续完成整件艺术品的复制加工。

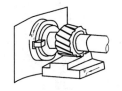

（a）圆柱铣刀铣平面 　　　　（b）套式铣刀铣台阶面 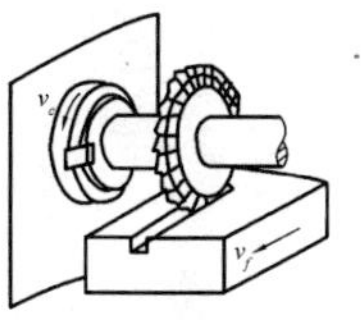　　　　（c）三面刃铣刀铣直角槽

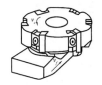
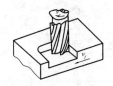

（d）端铣刀铣平面　　　　（e）立铣刀铣凹平面 　　　　（f）锯片铣刀切断

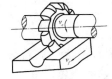

（g）凸平圆铣刀铣凹圆弧面　　（h）凹半圆铣刀铣凸圆弧面 　　（i）齿轮铣刀铣齿轮

（j）角度铣刀铣V形槽 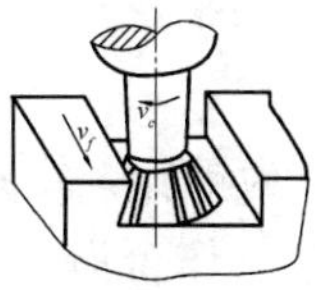　　　　（k）燕尾槽铣刀铣燕尾槽 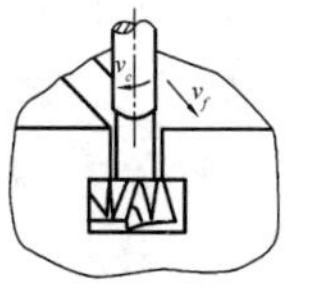　　　（l）T形槽铣刀铣T形槽

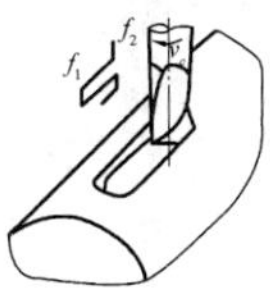

（m）键槽铣刀铣键槽 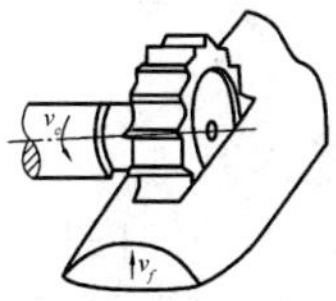　　（n）半圆键槽铣刀铣半圆键槽　　（o）角度铣刀铣螺旋槽

图3-2　铣削加工应用举例

2. 铣床

卧式铣床又可分为普通卧式铣床和万能卧式铣床，其中万能卧式铣床应用广泛。它比普通卧式铣床在纵向工作台下多了个转台。下面以万能卧式铣床为例介绍铣床的型号和组成及其作用。

1）万能卧式铣床的型号

如图3-3所示为X6132型万能卧式铣床，其中X6132的字母和数字的含义如下：

X——类别，铣床类；

6——组别，卧式铣床组；

1——型别，万能升降台铣床型；

32——主参数，工作台工作面宽度的 1/10，即工作台工作面宽度为 320 mm。

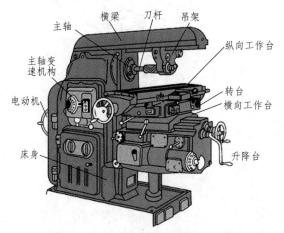

图 3-3　X6132 型万能卧式铣床示意图

2）万能卧式铣床的组成及其作用

万能卧式铣床由床身、横梁、主轴、升降台、横向工作台、纵向工作台、转台等组成。

（1）床身。用来固定和支撑铣床各部件，其内部装有主轴、主轴变速箱、电气设备及润滑油泵等部件。

（2）横梁。横梁上一端装有吊架，用来支承刀杆，以增强其刚性，减少振动；横梁可沿燕尾轨道移动，以调整其伸出的长度。

（3）主轴。主轴为空心轴，其前端为锥孔，用来安装铣刀或刀轴，并带动铣刀轴旋转。

（4）升降台。升降台可以带动整个工作台沿床身的垂直导轨上下移动，以调整工件与铣刀的距离和实现垂直进给，其内部装有进给变速机构。

（5）横向工作台。横向工作台位于升降台上面的水平导轨上，可沿升降台上的导轨做横向移动。

（6）纵向工作台。纵向工作台用来安装工件和夹具，可沿转台上的导轨做纵向移动。

（7）转台。转台可将纵向工作台在水平面内扳转一定的角度（正、反均为 0°～45°），以便铣削螺旋槽等。有无转台是万能卧式铣床与普通卧式铣床的主要区别。

（8）底座。用于支承床身和升降台，其内盛切削液。

3）立式铣床

立式铣床与卧式铣床的主要区别是主轴与工作台面垂直，有的立式铣床的主轴可以在垂直面内左右摆动 45°。其他组成部分及运动与万能卧式铣床基本相同。

3. 铣削方式

1）周铣和端铣

如图 3-4 所示，用刀齿分布在圆周表面的铣刀进行铣削的方式叫作周铣；用刀齿分布在圆柱端面上的铣刀进行铣削的方式叫作端铣。

与周铣相比，端铣铣平面时较为有利，主要是因为以下几点：

① 端铣刀的副切削刃对已加工表面有修光作用，能使粗糙度降低。周铣的工件表面则有

波纹状残留面积。

②同时参加切削的端铣刀齿数较多，切削力的变化程度较小，因此工作时振动较周铣小。

③端铣刀的主切削刃刚接触工件时，切屑厚度不等于零，使刀刃不易磨损。

④端铣刀的刀杆伸出较短，刚性好，刀杆不易变形，可用较大的切削用量。由此可见，端铣法的加工质量较好，生产率较高。所以铣削平面大多采用端铣。但是，周铣对加工各种形面的适应性较广，且有些形面（如成形面等）不能用端铣。

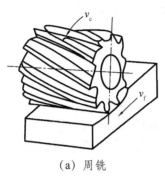
（a）周铣

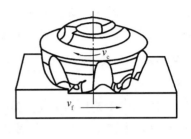
（b）端铣

图 3-4　周铣和端铣示意图

2）逆铣和顺铣

周铣有逆铣法和顺铣法之分。逆铣时，铣刀的旋转方向与工件的进给方向相反；顺铣时，铣刀的旋转方向与工件的进给方向相同。逆铣时，切屑的厚度从零开始渐增。实际上，铣刀的刀刃开始接触工件后，将在表面滑行一段距离才真正切入金属。这就使得刀刃容易被磨损，并增加加工表面的粗糙度。逆铣时，铣刀对工件有上抬的切削分力，影响工件安装在工作台上的稳固性。

顺铣则没有上述缺点。但是，顺铣时工件的进给会受工作台传动丝杠与螺母之间间隙的影响。因为铣削的水平分力与工件的进给方向相同，铣削力忽大忽小，就会使工作台窜动和进给量不均匀，甚至引起打刀或损坏机床。因此，必须在纵向进给丝杠处有消除间隙的装置才能采用顺铣。但一般铣床上是没有消除丝杠螺母间隙的装置，只能采用逆铣法。另外，对铸锻件表面的粗加工，顺铣因刀齿首先接触黑皮，将加剧刀具的磨损，此时，也是以逆铣为妥。

（四）刨削加工

1. 刨削加工的范围及其特点

刨削是使用刨刀在刨床上进行切削加工的方法，主要用来加工各种平面、沟槽和齿条、直齿轮、花键等母线是直线的成型面。刨削比铣削平稳，但加工精度较低，其加工精度一般为 IT10~IT8，表面粗糙度为 R_a=6.3~1.6 μm。

刨削加工的特点：生产率较低；刨削为间断切削，刀具在切入和切出工件时受到冲击和振动，容易损坏。因此，在大批量生产中刨削应用较少，常被生产率较高的铣削、拉削加工代替。

2. 刨床

1）牛头刨床

牛头刨床主要刨削中、小型零件的各种平面及沟槽，适用于单件、小批生产的工厂及维修车间。

2）龙门刨床

龙门刨床主要用于加工大型工件或重型零件上的各种平面、沟槽以及各种导轨面，也可在工作台上一次装夹多个零件同时进行加工。

（五）钻削加工

钻削包括钻孔、扩孔、铰孔和锪孔。其中，钻孔、扩孔和铰孔分别属于孔的粗加工、半精加工和精加工，俗称"钻—扩—铰"。钻孔精度较低，为了提高精度和表面质量，钻孔后还要继续进行扩孔和铰孔。钻削加工是在钻床上进行的。

1. 钻削加工的特点

1）钻孔

钻孔（Drilling）是用钻头在实体工件上钻出孔的方法，常用的钻头是麻花钻。钻孔时，首先根据孔径大小选择钻头。一般地，当孔径小于 30 mm 时，可一次钻出；大于 30 mm 时，应先钻出一小孔，然后再用扩孔钻将其扩大。

2）扩孔

对已有孔进行扩大的加工方法称为扩孔（Core Driuing）。仅为了扩大孔的直径的扩孔可用麻花钻；在扩大孔直径的同时提高孔形位精度的扩孔采用专门的扩孔钻，其加工精度一般为IT10 ~ IT8，表面粗糙度为 R_a=6.3 ~ 3.2 μm。扩孔可作为要求不高孔的最终加工，也可作为精加工（如铰孔）前的预加工。

3）铰孔

铰孔（Reaming）是用铰刀在扩孔或半精镗后的孔壁上切除微量金属层，以提高孔的尺寸精度和减小表面粗糙度值的一种精加工方法。其加工精度可达 IT7 ~ IT6，表面粗糙度为R_a=0.8 ~ 0.4 μm。铰刀有手用铰刀和机用铰刀两种，手用铰刀工作部分较长，机用铰刀工作部分较短。

4）锪孔

锪孔是指在已加工孔上加工圆锥形沉头孔、圆柱形沉头孔和端面凸台的方法。锪孔用的刀具统称为锪钻。

2. 钻床

工厂中常用的钻床（Drilling Machine）有台式钻床、立式钻床和摇臂钻床。

1）台式钻床

台钻结构简单，操作方便，适于加工小型零件上直径小于等于 13 mm 的孔。

2）立式钻床

立式钻床简称立钻（Drill Vertical），常用于加工单件、小批生产中的中、小型工件。

3）摇臂钻床

摇臂钻床（Beam Drill）适用于加工笨重和多孔的工件。

（六）镗削加工

镗削是利用镗刀在镗床上对工件上的预制孔进行后续加工的一种切削加工方法。

1. 镗削加工的特点

镗削可以对工件上的通孔和盲孔进行粗加工、半精加工和精加工，适宜于加工箱体、机架等结构复杂和尺寸较大的工件上的孔及孔系。

镗削的优点是用一种镗刀可以加工一定范围内各种不同直径的孔，特别是大直径孔，几乎是可供选择的唯一方法。

2. 镗床

镗床有卧式镗床、立式镗床、深孔镗床和坐标镗床之分，应用最广的是卧式镗床。

（七）磨削加工

1. 磨削加工的范围及其特点

（1）加工精度高。磨削加工精度一般可达 IT6～IT4，表面粗糙度为 R_a=0.8～0.1 μm，当采用高精度磨床时，粗糙度 R_a 为 0.1～0.08 μm。

（2）工件的硬度高。

（3）磨削温度高。磨削时要有充足的冷却液，同时冷却液还可以起到排屑和润滑作用。磨削加工主要用于零件的内外圆柱面、内外圆锥面、平面和成型面（如花键、螺纹、齿轮等）的精加工，以获得较高的尺寸精度和较小的表面粗糙度。

2. 磨床

磨床是指用磨具（如砂轮）或磨料加工工件表面的机床，广泛应用于工件的精加工，尤其是淬硬钢件及其他高硬度特殊材料的精加工。

磨床的类型很多，主要有平面磨床、外圆磨床、内圆磨床、无心磨床、工具磨床及各种专门化磨床（曲轴磨床、凸轮磨床、齿轮磨床、螺纹磨床、导轨磨床）等。常用的是平面磨床和外圆磨床。

三、实训内容及过程

实训项目 Ⅰ：车削轴类零件

1. 车外圆

1）安装工件和校正工件

安装工件的方法主要有用三爪自定心卡盘或者四爪卡盘、心轴等。校正工件的方法有用划针或者百分表校正。

2）选择车刀

车外圆可用各种车刀。直头车刀（尖刀）的形状简单，主要用于粗车外圆；弯头车刀不但可以车外圆，还可以车端面，加工台阶轴和细长轴则常用偏刀。

3）调整车床

车床的调整包括主轴转速和车刀的进给量。

主轴的转速是根据切削速度计算选取的。而切削速度的选择则和工件材料、刀具材料以及工件加工精度有关。用高速钢车刀车削时，$v=0.3\sim1$ m/s；用硬质合金刀时，$v=1\sim3$ m/s。车硬度高的钢比车硬度低的钢的转速低一些。以 C6132 型车床为例，根据选定的切削速度计算出车床主轴的转速，再对照车床主轴转速铭牌，选取车床上最近似计算值而偏小的一挡，然后按照如表 3-2 所示的手柄要求，扳动手柄即可。但特别要注意的是，必须在停车状态下扳动手柄。

表 3-2　C6132 型车床主轴转数铭牌

手柄位置		I			II		
		长手柄			长手柄		
		↖	↑	↗	↖	↑	↗
短手柄	↖	45	66	94	360	530	750
	↗	120	173	248	958	1 380	1 980

例如用硬质合金车刀加工直径 $D=200$ mm 的铸铁带轮，选取的切削速度 $v=0.9$ m/s，计算主轴的转速为

$$n=\frac{1\,000\times60\times v}{\pi\cdot D}=\frac{1000\times60\times0.9}{3.14\times200}\approx99\ (\text{r/min})$$

从主轴转速铭牌中选取偏小一挡的近似值为 94 r/min，即短手柄扳向左方，长手柄扳向右方，主轴箱手柄放在低速挡位置 I。

进给量是根据工件加工要求确定的。粗车时，一般取 $0.2\sim0.3$ mm/r；精车时，随所需要的表面粗糙度而定。例如：表面粗糙度为 $R_a=3.2$ 时，选用 $0.1\sim0.2$ mm/r；$R_a=1.6$ 时，选用 $0.06\sim0.12$ mm/r。进给量的调整可对照车床进给量表扳动手柄位置，具体方法与调整主轴转速相似。

4）粗车和精车

车削前要试刀。为了保证加工的尺寸精度，应采用试切法车削。试切法的步骤如图 3-5 所示。

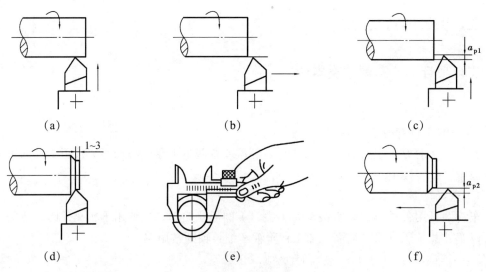

图 3-5　试切步骤示意图

① 开车对刀，使车刀和工件表面轻微接触。

② 向右退出车刀。

③ 按要求横向进给 a_{p1}。

④ 试切 1～3 mm。

⑤ 向右退出，停车，测量。

⑥ 调整切深至 a_{p2} 后，自动进给车外圆。

粗车的目的是尽快地切去多余的金属层，使工件接近于最后的形状和尺寸。粗车后应留下 0.5～1 mm 的加工余量。

精车是切去余下少量的金属层以获得零件所求的精度和表面粗糙度，因此背吃刀量较小，为 0.1～0.2 mm，切削速度则可用较高或较低速，初学者可用较低速。为了提高工件表面粗糙度，用于精车的车刀的前、后刀面应采用油石加机油磨光，有时刀尖磨成一个小圆弧。

5）刻度盘的应用

车削工件时，为了正确迅速地控制背吃刀量，可以利用中拖板上的刻度盘。中拖板刻度盘安装在中拖板丝杠上。当摇动中拖板手柄带动刻度盘转一周时，中拖板丝杠也转了一周。这时，固定在中拖板上与丝杠配合的螺母沿丝杠轴线方向移动了一个螺距。因此，安装在中拖板上的刀架也移动了一个螺距。如果中拖板丝杠螺距为 4 mm，当手柄转一周时，刀架就横向移动 4 mm。若刻度盘圆周上等分 200 格，则当刻度盘转过一格时，刀架就移动了 0.02 mm。

使用中拖板刻度盘控制背吃刀量时应注意的事项：

（1）由于丝杠和螺母之间有间隙存在，因此会产生空行程（即刻度盘转动，而刀架并未移动）。使用时必须慢慢地把刻度盘转到所需要的位置。若不慎多转过几格，不能简单地退回几格，必须向相反方向退回全部空行程，再转到所需位置。

（2）由于工件是旋转的，使用中拖板刻度盘时，车刀横向进给后的切除量刚好是背吃刀量的两倍，因此要注意，当工件外圆余量测得后，中拖板刻度盘控制的背吃刀量是外圆余量的二分之一，而小拖板的刻度值，则直接表示工件长度方向的切除量。

6）纵向进给

纵向进给到所需长度时，关停自动进给手柄，退出车刀，然后停车，检验。

7）车外圆时的质量分析

（1）尺寸不正确原因是：车削时粗心大意，看错尺寸；刻度盘计算错误或操作失误；测量时不仔细，不准确。

（2）表面粗糙度不合要求原因是：车刀刃磨角度不对；刀具安装不正确或刀具磨损，以及切削用量选择不当；车床各部分间隙过大。

（3）外径有锥度原因是：吃刀深度过大，刀具磨损；刀具或拖板松动；用小拖板车削时转盘下基准线不对准"0"线；两顶尖车削时床尾"0"线不在轴心线上；精车时加工余量不足。

2. 车端面

车端面时，刀具的主刀刃要与端面有一定的夹角。工件伸出卡盘外部分应尽可能短些，车削时用中拖板横向走刀，走刀次数根据加工余量而定，可采用自外向中心走刀，也可以采用自圆心向外走刀的方法。

1）车端面时的应注意事项

（1）车刀的刀尖应对准工件中心，以免车出的端面中心留有凸台。

（2）偏刀车端面，当背吃刀量较大时，容易扎刀。背吃刀量 a_p 的选择：粗车时 a_p=0.2～1 mm，精车时 a_p = 0.05 mm～0.2 mm。

（3）端面的直径从外到中心是变化的，切削速度也在改变，在计算切削速度时必须按端面的最大直径计算。

（4）车直径较大的端面，若出现凹心或凸肚时，应检查车刀和方刀架，以及大拖板是否锁紧。

2）车端面的质量分析

（1）端面不平，产生凸凹现象或端面中心留"小头"；原因是车刀刃磨或安装不正确，刀尖没有对准工件中心，吃刀深度过大，车床有间隙拖板移动。

（2）表面粗糙度差。原因是车刀不锋利，手动走刀摇动不均匀或太快，自动走刀切削用量选择不当。

实训项目 Ⅱ：45 钢板材的钻削加工

1. 加工前准备

（1）操作者必须根据机床使用说明书熟悉钻床的性能、操作方法、加工范围和精度。

（2）检查各开关、旋钮和手柄是否在正确位置。

（3）准备相关的工具、夹具、切削液等。

（4）准备好钻嘴，按照技术要求修磨好。

2. 钻削加工技术要求

（1）刀具——钻嘴。

顶角：顶角角度减小，主刀刃加长，单位刃长上的负荷减少，有利于散热和提高钻头的耐用度。钻头顶角可根据不同加工材料按表 3-3 来选择。

表 3-3　不同加工材料的顶角角度参数

加工材料	顶角角度/°	前角角度/°	后角角度/°
软、中硬铝合金、薄板	135		17
硬钢	135	0	10
定心钻	120～135		12
45 钢、P20	116～120		12
A3、黄铜、铸铁	100～110		12
紫铜	90～95		12
塑料制品	70～90		12

刃口后角应低于前角，钻刃应对称。新钻嘴钻头切削条件非常不利，应针对加工材料修磨横刃到相应几何要求，才能用于加工。

对于 $\phi40$ 及以上的钻嘴，最好修成"群钻"形状，这样在钻孔过程中铁屑细小、切削小，钻嘴不易磨损、烧伤。

修磨步骤：a）根据不同钻嘴（大小、材质）选择对应砂轮；b）用砂轮整形刀修整砂轮，圆周方向及轴向跳动越小越好；c）修磨后刃面、顶角；d）修磨横刃。

（2）转速和进给速度。

不同直径钻头的转速和进给速度如表 3-4 所示。

表 3-4　不同直径钻头的转速和进给速度

钻头直径	进给量/（mm/r）		切削速度 18～25/（m/min）转速/（r/min）	切削速度 70～100/（m/min）转速/（r/min）
	45 钢	铝件	钢件、黄铜件	铸铝、紫铜件
4～5	0.08	0.12	1 200	5 400
6～12	0.12	0.18	550～1 100	2 300～4 500
16～20	0.20	0.30	400	1 500
25～32	0.25	0.40	250	950
40～50	0.35	0.50	150	600

（3）为保持机床的精度和保证良好的加工效果，直径小于 13 的钻嘴采用手拧快速钻夹头装夹，严禁用对主轴敲打的方式装卸钻嘴。

（4）所有孔的钻削加工必须有导引孔、中心孔，其深度必须保证能够正确导引或定心。当加工的表面与主轴不相互垂直时，需要预加工局部小平面。

（5）在加工交叉孔或对接孔时，尽量采用短钻嘴，先加工深孔，后加工与之相接的浅孔。

（6）加工比较深的孔位时必须充分考虑加工过程中的变形。按照钻嘴的长径比（有效悬长/直径）分级选用适当长度的钻嘴加工。首先选用短钻嘴，逐步加长。钻嘴的长径比分级系列为：10、25、40、60。级孔（沉头孔）的加工必须先加工小孔，后加工大孔。加工大孔时采用专用的沉头孔铣刀加工。

3. 加工步骤

（1）装夹工件，确保工件加工面与钻床主轴垂直，装夹牢固可靠，严禁工件、刀具、夹具、机床工作台发生相互干涉。钻通孔时，工件底面应放垫块，以免损伤工作台。

（2）加工导引孔、中心孔，用中心钻加工至合适深度。

（3）换上合适长度的钻嘴加工，选用合适的转速和进给速度。注意保证冷却液充分和断屑操作。手动进给时尽量保证压力均匀，不可突然过猛过大。

（4）清洁已加工好的孔位，去除毛刺、倒角。

（5）自检。加工完成后，要及时对孔的位置尺寸、大小、深度等进行自检。

4. 钻孔常见缺陷分析及安全防范要求

1）常见缺陷及原因

（1）孔径大于规定尺寸：由于钻头两主切片削刃长短不等、顶角与钻头轴线不对称、钻头摆动（钻床主轴本身摆动、钻头夹装不正确、钻头弯曲）等。

（2）钻孔偏移：由于划线或样冲冲眼不准确、钻孔时开始未对正、工件装夹不稳固、钻头横刃太长、移动孔距不准确等。

（3）钻孔歪斜：由于钻头与工件加工部位表面不垂直，工件表面不平或有硬物，进给量不均匀、太大使钻头弯曲，横刃太长导致轴向力太大、定心不良等。

（4）孔壁粗糙：由于钻头切削刃不锋利、进给量太大、后角太大、冷却润滑不充分等。

（5）孔型不圆：两主切刃不对称、主偏角不等，后角太大。

2）钻孔安全防范要求

（1）钻孔时操作者身体不要贴近钻床主轴，袖口要扎紧，衣扣要完整扣严，头发必须纳入工作帽内，严禁戴手套和拿棉纱操作。

（2）一定要把工件夹紧稳固，不准用手拿工件钻孔，不准在钻削进行过程中紧固工件。

（3）注意保持良好的冷却和排屑，不许用棉纱、破布滴注冷却液，不许用手抹或嘴吹来清除切屑。

（4）钻削进行过程中，发现异常情况要立即抬起钻头，停钻检查。如工件随钻头一起转动时应立即停电，严禁用手制动工件。

（5）使用电钻等手持机动工具钻孔时，必须遵守有关安全操作技术。

实训项目Ⅲ：45 钢板材的磨削加工

1. 加工前的准备

（1）操作者必须取得上岗证后，才具备上机操作资格。

（2）操作者在加工前要检查图纸资料是否齐全，坯件是否符合要求。

（3）认真消化全部图纸资料，掌握工装的使用要求和操作方法。

（4）检查加工所用的机床设备，准备好各种附件，按机床和规定进行润滑和试运行。

2. 装夹加工

（1）工件装夹前应将定位面、夹紧面、垫块和夹具定位、夹紧面擦干净，并不得有毛刺。

（2）轴类工件夹紧前应检查中心孔，不得有椭圆、棱圆碰伤、毛刺等缺陷，并把中心孔擦干净，经过热处理的工件须修好中心孔，精磨的工件应研磨中心孔，并加润滑油。

（3）在两顶尖间装夹轴类零件时，装夹前要调整尾座，使两顶尖轴线重合。

（4）在平面磨床上用磁盘吸住磨削支承面较小或较高的工件时，应在适当位置添加挡块，以防磨削时工件飞出或倾倒。

（5）根据工件的材料、硬度、精度和表面粗糙度的要求，合理选用砂轮牌号。

（6）装夹砂轮时，必须在修砂轮前平衡，并在砂轮装好后进行空转试验。

（7）在磨削工件前，应先开动机床，根据室温的不同，空转的时间一般不小于 5 min。

（8）在磨削中，不得中途停车，要停车应停止进给退出砂轮。

（9）在磨削细长轴时，不应使用切入法磨削，应采用纵向进刀磨削法。

（10）在平面磨床上磨削薄片时，应多次翻面磨削，完工后用刃口平尺检查工件平面度。

（11）磨深孔时，磨杆刚性要好，砂轮转数要适当降低。

（12）磨孔时，孔与端面有垂直度要求时，磨孔前应用百分表找正端面后才进行加工，保证孔面垂直。

（13）在精磨结束前，应无进给量多次走刀，至无火花为止。

（14）精磨前的表面粗糙度 R_a 值应小于 6.3 μm。

（15）在批量生产中，必须进行首件检查，合格后方可能继续加工。

3. 加工后处理

（1）工件加工后应做到无屑、无水、无脏物，并在规定的位置摆好，以免碰伤。

（2）工艺装备用后要擦拭干净，放到规定位置。

（3）图纸资料保持清洁。

（4）用磁力夹具吸住进行加工的工件，加工后应进行退磁。

4. 磨削加工参数选择（表3-5，供参考）

表 3-5　磨削加工工艺参数

磨削参数		外圆磨削	内圆磨削	平面磨削
砂轮粒度		46~60	46~80	36~60
修整工具		单粒金刚石		
砂轮速度		0~35 m/s	20~30 m/s	20~35 m/s
工件速度		20~35 m/min	20~50 m/min	
磨削进给速度		1.2~3 m/min	2~3 m/min	17~30 m/min
磨削深度	横向	0.02~0.05	0.005~0.01	2~5（双行程）
	纵向			0.02~0.05
光磨次数（单行程）		1~2	2~4	1~2

5. 自检内容与范围

（1）操作者加工前看清图纸要求及工艺过程卡的要求，明确本工序要加工的部位及要求。

（2）检查坯件是否符合加工要求及前面工序是否符合图纸及工艺要求，并清楚本工序和上下工序间的联系和要求。

（3）在加工过程中应不断进行自检，及时纠正错误的数据和操作。自检内容主要有以下几点：

① 检查工件是否正确，如刀具、设备和工件是否存在干涉，基准是否选取合理，夹紧是否可靠。

② 检查选择的测量方法和计量器具能否保证工艺要求，并合理选用。

③ 检查各加工部分的尺寸公差、位置公差、表面粗糙度、配合要求是否符合资料要求。

④ 根据检查结果不断修正切削参数。

（4）加工完后，工件经自检确认与图纸和资料相符合才能拆卸工件，需要专检的送专职检验员专检。

6. 磨削加工常见质量问题产生的原因及解决方法

磨削加工中常见质量问题的产生原因及解决方法如表3-6所示。

表 3-6　磨削加工常见质量问题的产生原因及解决方法

质量问题	产生原因	解决方法
磨细长轴时，工件两头小，中间大，并在表面产生多角形	细长轴刚性差，磨削时易产生变形和振动	在前后顶尖之间找一个开术中心架，从中间定位支承住工件
磨薄片时，工件产生翘曲	加工时受热变形	① 加强冷却润滑； ② 热片和热线，消除工件与工作台的间隙，反复多次磨削
工件产生裂纹	磨削热过大，马氏体分解过快，体积骤然收缩，形成大的张力	① 改善磨削时的冷却条件，防止升温太快； ② 降低砂轮的硬度，减少瞬时磨削热； ③ 降低磨削进给量，减少瞬时磨削热。 ④ 降低磨削工件的转速，以缩短砂轮与工作表面的连续接触时间，减少瞬时热

模块四　特种加工

一、实训目的

（1）了解特种加工的基本知识、工艺特点及加工范围。

（2）熟悉特种加工的基本操作方法，并能按图纸的技术要求正确、合理地选择加工工艺。

（3）能独立加工一般复杂程度的零件，具有一定的操作技能。

二、实训预备知识

特种加工是指那些不属于传统加工工艺范畴的加工方法，不同于使用刀具、磨具等直接利用机械能切除多余材料的传统加工方法。特种加工是近几十年发展起来的新工艺，是对传统加工工艺方法的重要补充与发展，目前仍在继续研究开发和改进。特种加工是指直接利用电能、热能、声能、光能、化学能和电化学能，有时也结合机械能对工件进行的加工。特种加工中以采用电能为主的电火花加工和电解加工应用较广，泛称电加工。

（一）电火花线切割加工

1. 电火花线切割加工的基本原理

电火花加工是利用工具电极与工件电极之间脉冲性的火花放电，产生瞬时高温将金属蚀除，又称放电加工、电蚀加工、电脉冲加工。电火花加工主要用于加工各种高硬度的材料（如硬质合金和淬火钢等）和复杂形状的模具、零件，以及切割、开槽和去除折断在工件孔内的工具（如钻头和丝锥）等。线切割加工是线电极电火花的加工简称，是电火花加工的一种。电火花线切割加工是利用金属丝（钼丝、钨钼丝）与工件构成的两个电极之间进行脉冲火花放电时产生的电腐蚀效应来对工件进行加工，以达到成型的目的。其基本原理如图4-1所示。

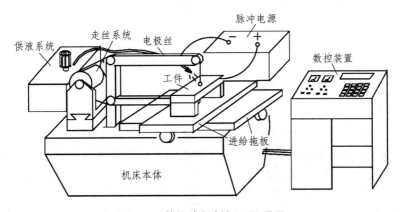

图 4-1　数控线切割加工原理图

被加工的工件作为阳极，钼丝作为阴极。脉冲电源发出一连串的脉冲电压，加到工件和钼丝上。钼丝与工件之间有足够的具有一定绝缘性的工作液。当钼丝与工件之间的距离小到一定程度时，在脉冲电压的作用下，工作液被电离击穿，在钼丝与工件之间形成瞬时的放电通道，产生瞬时高温，使金属局部熔化甚至汽化而被蚀除下来。若工作台带动工件不断进给，就能切割出所需的形状。

由于采用单向脉冲放电，使被蚀除的现象主要发生在工件上，并且贮丝桶带动钼丝做正反向交替的高速运动，所以钼丝蚀损的速度较慢，可以使用较长的时间。

2. 数控电火花线切割机床

数控电火花线切割机床能加工各种高硬度、高强度、高韧度和高熔点的导电材料，如淬火钢、硬质合金等。加工时钼丝与工件不接触，有 0.01 mm 左右的间隙，不存在切削力，有利于提高几何形状复杂的孔、槽及冲压模具的加工精度。数控电火花线切割机床可用于单件、小批量生产中，加工各种冷冲模、铸塑模、凸轮、样板、外形复杂的精密零件及窄缝，尺寸精度可达 0.02～0.01 mm，表面粗糙度 $R_a \leqslant 2.5 \mu m$，切割速度最快为 100 mm²/min。

数控电火花线切割机床包括机床、脉冲电源和数控装置三大部分。

1）机床

机床主要由运丝机构、丝架导丝机构、数控坐标工作台及冷却系统等部分组成。

（1）运丝机构。运丝机构的作用是将绕在贮丝桶上的钼丝通过丝架做反复变换方向的送丝运动，使钼丝在整体长度上均匀参与电火花加工，以保证精度的稳定性，同时可延长丝的使用寿命。贮丝桶的转动由一只交流电机带动，丝速分两挡，为高速运丝和低速运丝。高速运丝利于排屑，低速运丝传动平稳。

（2）丝架导丝机构。它的作用是通过丝架把钼丝支撑成垂直于工作台的一条直线，以便对零件进行加工。有些机床丝架上有两个拖板（U、V），分别由两个步进电机带动，可用来加工锥体。任一拖板超出行程范围时，由行程开关断开步进电机电源，致使两拖板停止运动。

（3）数控坐标工作台。用于安装并带动工件在工作台平面内做 X、Y 两方向的移动，工作台分上下两层，分别与 X、Y 向丝杠相连，由两个步进电机分别驱动，变频系统每发出一个脉冲信号，其输出轴就旋转一个步距角，再通过一对变速齿轮带动滚珠丝杠转动，从而使工作台在相应的方向上移动 0.001 mm。

（4）冷却系统。冷却系统由工作液、工作液箱、工作液泵和循环导管组成。工作液起绝缘、排屑、冷却的作用。每次脉冲放电后，工件与钼丝之间必须迅速恢复绝缘状态，否则脉冲放电就会转变成稳定持续的电弧放电，影响加工质量。工作液可把加工过程中产生的金属颗粒迅速从电极之间冲走，使加工顺利进行。工作液还可以冷却受热的电极和工件，防止工件变形。

2）脉冲电源

脉冲电源是电火花线切割加工的工作能源，由振荡器及功放板组成，振荡器的振荡频率、脉宽和间隔比均可调。根据加工零件的厚度及材料选择不同的电流、脉宽和间隔比。加工时钼丝接电源的负极，工件接电源的正极。

3）数控装置

数控装置是数控机床的核心。它接受输入装置送来的脉冲信号，经过数控装置的系统软件或逻辑电路进行编译、运算和逻辑处理后，输出各种信号和指令，控制机床的各个部分进行有序的动作。

3. 影响线切割加工精度的主要因素

在线切割加工中，除机床的运动精度直接影响加工精度外，钼丝与工件之间的火花间隙的变化和工件的变形对加工精度亦有不可忽视的影响。

（1）机床精度：出厂时机床精度的检验项目已保证，在加工精密工件之前，用户须对机床进行必要的精度检查和调整。

（2）钼丝与工件间的火花间隙大小与材料、切削速度、冷却液成分等密切相关。

① 火花间隙的变化：材料不同、热处理方法不同、材料厚度不同，则火花间隙不同。即由于材料的化学、物理、机械性能不同及工件在加工时排屑和消电离能力不同而影响。

② 火花间隙的大小与切削速度（加工电流）的关系：在有效的加工范围内切割速度快，火花间隙小；切割速度慢，火花间隙大。但切割速度绝不能超过腐蚀速度，否则就产生短路，切割就停止。在切割加工过程中保持一定的加工电流，那么工件与钼丝间电压也就一定，则火花放电间隙一定，在加工过程中尽力做到变频均匀，则加工电流也基本稳定，切割速度也就能保持匀速，进而提高加工精度。

③ 火花间隙大小与冷却液关系：冷却液成分不同，其电阻率不同，排屑与消电离能力不同而影响火花间隙的大小。

因此，加工高精度工件时，一定要根据对火花间隙实测大小而进行编程或选定间隙补偿量。

（3）工件材料变形及减少变形采取的措施。

以线切割加工为主要工艺时，钢件的加工路线：下料—锻造—退火—机械粗加工—淬火与回火—磨加工—线切割加工—钳工修整。该工艺的特点之一是加工过程中会出现两次较大的变形：经过机械粗加工，整块坯件先经过热处理，材料在该过程中产生第一次较大变形，材料内部的残余应力显著增加，热处理后坯件进行切割加工时由于大面积去除金属和切断加工，会使材料内部残余应力的相对平衡状态受到破坏，材料又产生第二次较大的变形，致使工件加工精度受到很大程度的影响，特别是对精度要求高的工件更不可忽视。

根据模具切割后零件变形情况分析，就影响材料变形的诸因素的剖析以及生产实践应采取以下措施：

① 选择变形量小、淬透性好、屈服极限高的材料，如以线切割为主要工艺的凸凹模具应尽量选用 CrWMn、Cr12Mo、GCr15 等合金工具钢。

② 锻造时要严格按规范进行，掌握好始锻、终锻温度，特别是高合金工具钢还应注意碳化物的偏析程度，锻造后需要进行球化退火，以细化晶粒，尽可能降低最终热处理的残余应力。

③ 热处理淬、回火时应合理选择工艺参数，严格控制规范，操作要正确，淬火加强温度尽可能采用下限，冷却要均匀，回火要及时，回火温度尽可能用上限，时间要充分，尽量消除热处理后产生的残余应力。

④ 工艺上的一些措施：

a. 正确安排冷、热工序顺序，以消除机械加工产生的应力，为最后热处理做准备，使之减小应力以达到减小变形的目的。对于精度要求较高的零件，切割后应及时进行低温回火，以稳定尺寸。

b. 以坯料切割凸模时，不能从外部割进去，要在离凸模轮廓较近处做一穿丝孔，同时要注意到切割的部位不能距离坯料周围的距离太近，要保证坯件有足够的强度，否则会由于应力超过极限而导致变形。

c. 热处理后磨削的零件进行线切割加工，最好采用二次切割法，第一次切割时单边留0.12~0.2 mm余量，（使用 ϕ 0.18 mm钼丝时）采用粗加工快速进行加工。第一次切割完后毛坯内部原来应力平衡状态受到破坏，然后又达到新的平衡，然后进行第二次精加工，则能加工出精密度较高的工件。

d. 切割凹模时，热处理前先粗加工型腔，使其单边留有 0.6 ~ 1 mm 余量，这样使其在热处理时充分变形，而在切割时，则由于被切割的余量很小，不会破坏应力平衡状态。所以切割后零件几乎不变形，这样对于用淬透性较差的材料所制造的凹模，其型腔部分的淬硬深度也有所增加，因而延长了模具使用寿命。

e. 切割起点最好在零件重心最平衡之处，这样闭口处变形才能最小。

f. 切割较大工件时，应边切割边加夹板或垫块垫住，以便减小因已加工部分垂下而引起的变形。

g. 对于尺寸很小的工件和悬臂较长的半成品工件，影响加工精度的因素较多，加工时只能采用试切法，边切边测量，边修改程序，一直达到图纸要求为止。

（二）电解加工

电解加工是基于电解过程中的阳极溶解原理并借助于成型的阴极，将工件按一定形状和尺寸加工成型的一种工艺方法。

1. 电解加工的基本原理及特点

电解加工时，工件接直流电源的正极，工具接负极，两极之间保持较小的间隙。电解液从极间间隙中流过，使两极之间形成导电通路，并在电源电压下产生电流，从而形成电化学阳极溶解。随着工具相对工件不断进给，工件金属不断被电解，电解产物不断被电解液冲走，最终两极间各处的间隙趋于一致，工件表面形成与工具工作面基本相似的形状。

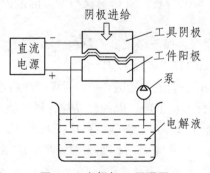

图 4-2　电解加工原理图

电解加工对于难加工材料、形状复杂或薄壁零件的加工具有显著优势。电解加工已获得广泛应用，如炮管膛线、叶片、整体叶轮、模具、异型孔及异型零件、倒角和去毛刺等加工。并且在许多零件的加工中，电解加工工艺已占有重要甚至不可替代的地位。

与其他加工方法相比，电解加工具有如下特点：

（1）加工范围广。电解加工几乎可以加工所有的导电材料，并且不受材料的强度、硬度、韧性等机械、物理性能的限制，加工后材料的金相组织基本上不发生变化。它常用于加工硬质合金、高温合金、淬火钢、不锈钢等难加工材料。

（2）生产率高，且加工生产率不直接受加工精度和表面粗糙度的限制。电解加工能以简单的直线进给运动一次加工出复杂的型腔、型面和型孔，而且加工速度可以和电流密度成比例地增加。据统计，电解加工的生产率为电火花加工的 5~10 倍，在某些情况下，甚至可以超过机械切削加工。

（3）加工质量好。可获得一定的加工精度和较低的表面粗糙度。

①加工精度（mm）：型面和型腔为 ±（0.05 ~ 0.20）；型孔和套料为 ±（0.03 ~ 0.05）。

②表面粗糙度（μm）：对于一般中、高碳钢和合金钢，可稳定地达到 R_a=1.6 ~ 0.4，有些合金钢可达到 R_a=0.1。

（4）可用于加工薄壁和易变形零件。电解加工过程中工具和工件不接触，不存在机械切削力，不产生残余应力和变形，没有飞边毛刺。

（5）工具阴极无损耗。在电解加工过程中工具阴极上仅仅析出氢气，而不发生溶解反应，所以没有损耗。只有在产生火花、短路等异常现象时才会导致阴极损伤。

电解加工也具有一定的局限性，主要表现为：

（1）加工精度和加工稳定性不高。电解加工的加工精度和稳定性取决于阴极的精度和加工间隙的控制。而阴极的设计、制造和修正都比较困难，阴极的精度难以保证。此外，影响电解加工间隙的因素很多，且规律难以掌握，加工间隙的控制比较困难。

（2）由于阴极和夹具的设计、制造及修正困难，周期较长，因而单件小批量生产的成本较高。同时，电解加工所需的附属设备较多，占地面积较大，且机床需要足够的刚性和防腐蚀性能，造价较高。因此，批量越小，单件附加成本越高。

2. 电解加工工艺及其应用

1）型孔加工

在生产中往往会遇到一些形状复杂，尺寸较小的四方、六方、椭圆、半圆形等形状的通孔和不通孔，机械加工很困难，如采用电解加工，则可大大提高生产效率及加工质量。型孔加工一般采用端面进给法，为了避免锥度，阴极侧面必须绝缘。绝缘层要黏结得牢固可靠。因为电解加工过程中电解液有较大的冲刷力，易把绝缘层冲坏。绝缘层的厚度，工作部分为 0.15 ~ 0.20 mm，非工作部分可为 0.3 ~ 0.5 mm。为了提高加工速度，可适当增加端面工作面积，使阴极内圆锥面的高度为 1.5 ~ 3.5 mm，工作端及侧成型环面的宽度一般取 0.3 ~ 0.5 mm，出水孔的截面积就大于加工间隙的截面积。

2）深孔扩孔加工

深孔扩孔加工按阴极的运动形式，可分为固定式和移动式两种。

固定式即工件和阴极间没有相对运动。其优点一般是设备简单，只需一套夹具来保持阴极与工件的间隙及起导电和引进电解液的作用；二是由于整个加工面同时电解，故生产率高；三是操作简单。但是，阴极要比工件长一些，所需电源的功率较大，电解液在进出口处的温度及电解产物含量等都不相同。

移动式加工通常是将零件固定在机床上，阴极在零件内孔做极向移动，多采用卧式。移动式阴极较短，精度要求较低，制造容易，可加工任意长度的工件而不受电源功率的限制。但它需要有效长度大于工件长度的机床。同时工件两端由于加工面积不断变化而引起电流密度不断变化，故出现收口和喇叭口，需采用自动控制。

阴极设计应结合工件的具体情况，尽量使加工间隙内各处的流速均匀一致，避免产生涡流及死水区，扩孔时如果设计成圆柱形阴极，则由于实际加工间隙沿阴极长度方向变化，结果越靠近后段流速越小。如设计成圆锥阴极，则加工间隙基本上是均匀的，因而流场也均匀，效果较好。为使流场均匀，在液体进入加工区以前，以及离开加工区以后，设置导流段，避免流场在这些地方发生突变，造成涡流。

3）型腔加工

多数锥膜为型腔膜，目前大多采用电火加工。因为电火加工的精度比电解加工易于控制，但由于电火加工的生产率低，因此对锥膜消耗量比较大、精度要求不太高的煤矿机械，汽车拖拉机等制造厂，近年来逐渐采用电解加工。

型腔膜的成型表面比较复杂，当采用硝酸钠、氯酸钠等成型精度好的电解液加工时，或采用混气电解加工时，阴极设计还较容易，因为加工间隙比较容易控制，还可采用反拷法制造阴极。当用氯化钠电解液而又不混气时，较复杂。阴极设计的主要任务就是从被加工零件图纸出发，根据平衡间隙理论，确定各处的间隙大小，并在实践中根据电场、流场的情况，再修正阴极的形状尺寸，以保证电解加工的零件精度，一般说来比较费事。

三、实训内容及过程

实训项目：45 钢的电火花线切割加工

（1）从工件图 4-3、图 4-4 中，任选一零件图进行线切割加工。

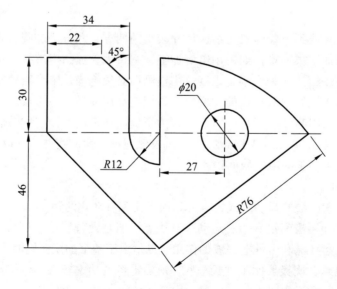

图 4-3　零件加工图

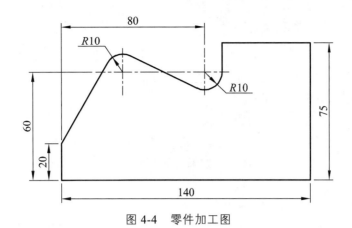

图 4-4　零件加工图

2. 加工条件记录（表 4-1）

表 4-1　加工条件记录

工件名称		材　料		切割面积		
钼丝半径		单边放电间隙		偏移量		
电规准	工作电压		工作电流			
	脉冲宽度		功放管数		脉冲间隔	

3. 编写程序（3B）

（1）确定钼丝起切点，计算偏移量。

（2）确定坐标系，计算各结点及圆心坐标，拟定加工顺序。（对于凸凹模：先加工凹模，后加工外形凸模。）

（3）编写程序清单。

4. 工件装夹

装夹工件时注意位置、工作台移动范围，使加工型腔与图纸要求相符。对于加工余量较小或有特殊要求的工件，必须精确调整工件与工作台纵横移动方向平行性，避免余量不够而报废工件，并记下工作台纵横坐标值。

5. 机床精度检查

（1）检查导轮：加工前，应仔细检查导轮 V 形槽是否损伤，因导轮与电极丝间的电腐蚀及滑动摩擦等，易使导轮 V 形槽出现沟槽，这不但会引起电极丝产生抖动，也易使其被卡断。所以要经常检查，及时去除堆积在 V 形槽内的电蚀产物，必要时更换损坏的导轮。

（2）检查挡丝棒：电极丝的排丝位置由挡丝棒控制，必须经常检查其工作面是否出现沟槽，如果出现沟槽，应调换挡丝棒的工作面位置，防止卡断钼丝。

（3）检查纵、横拖板丝杠间隙，纵横方向拖板丝杠副的配合间隙：由于频繁往复运动会发生变化，因此在加工精密工件前，要认真检查与调整，待符合相应标准后，再开始加工。滚珠丝杠螺母副则无须用户调整。

6. 机床正常操作步骤及注意事项

（1）开启机床总电源、控制器电源开关、24 V 步进驱动电源开关及高频脉冲电源开关。此时机床控制面板上的总电源按钮显示红色，控制器数码显示 d，高频电源、24 V 电源指示灯亮，整个机床控制系统处于起始状态。

（2）将编制好的程序输入控制器。

（3）检查钼丝的张紧情况，开启走丝电机（注：高频脉冲电源上一只绿色开关不按下，此电机将无法启动），并注意电机转向，如果方向相反需交换总电源相线。

（4）开启水泵电机，调节供液量。

（5）拨上机床控制面板上的高频开关。

（6）将控制器面板上的高频开关拨上（先选好电规准）。将粗调开关拨到自动位置，拨下进给开关，这时即进入加工。此时要进一步调节好微调开关及进行软件微调，使之调到加工最稳定状态。

（7）加工结束后应先关闭机床控制器面板上的高频脉冲电源开关，关闭水泵开关后再关闭贮丝筒开关（注意：贮丝筒应在换向后迅速关闭，不要在换向后很久才关闭）。如果要带刹车关机，单按下关总电源的红色按钮。

7. 几种问题的正确处理

（1）临时停机片刻。当某一程序尚未切割完毕，需要暂时停机片刻时，可先关闭控制器面板上高频开关，然后关闭机床控制面板上的高频开关、水泵及走丝电机开关，但不要关闭控制器电源，以保持剩下待切割程序开机后继续切割。

（2）对于较长时间停电、停车，用户不必担心。除按上述方法停机外，本控制器具有停电保护功能，即长时间保持未加工完的程序不消失。此时应记下停机时状态：加工的程序段，X、Y、J、G、Z 值以及间隙补偿值。

（3）突然断丝。可按上述方法停机，并利用回原点方法回到起始点重新穿丝。如果所剩切割部分较少，可进行倒割，并在切割完毕时，及时关闭高频电源开关，以免损伤工件表面。对于需要重新更换钼丝时，要特别注意检查断丝与新丝的直径之差，若相差太大，则应考虑重新编程，以保证加工精度。另外，重新换丝过程中，丝架导轮组件严禁再进行调整，否则原有的垂直度将被破坏，造成工件的报废。

（4）钼丝相对于工作台的垂直度是用户自行调整的，其测量方法主要有两种：一种是光缝测量法，即在灯光下目测钼丝与垂直度校正器之间的光缝大小，以光缝上下均匀且基本看不见为好；第二种是火花法，即打开高频电源（功放板数量开至 1~2 个），移动拖板使钼丝与垂直度校正器慢慢地靠近，碰出火花，调整位置，直到钼丝靠近垂直校正器时，垂直度校正器上下能同时碰出火花为宜。调整时，须在钼丝张紧状态下进行。在调整 X 方向的垂直度时，只要松开紧固在下丝臂后端的两只 M10 螺钉，前后移动下线架即可调整好垂直度。然后，重新锁紧。Y 方向的垂直度调整，应先松开固定导轮铜套 2 只 M4 螺钉，将导轮铜套两端盖旋出少许，左右移动导轮铜套调到合适位置即可。调整后轻轻旋紧左右端盖，拧紧定位螺钉。这时导轮应转动灵活，不应有卡滞现象，也不应出现导轮的轴向窜动（允差 0.002 mm）、径向窜动（允差 0.005 mm），否则抖丝厉害，加工超差，甚至断丝。

8. 常见故障及排除方法

1）断丝故障分析及排除方法

断丝故障是线切割机床常见故障之一，造成这种故障的因素较多，现分析如下。

（1）刚开始切割工件即断丝。

产生原因：

① 进给不稳，开始切入速度太快或电流过大。

② 切割时，工作液没有正常喷出。

③ 钼丝在贮丝筒上绕丝松紧不一致，造成局部抖丝厉害。

④ 导轮及轴承已磨损或导轮轴向及径向跳动大，造成抖丝厉害。

⑤ 线架尾部挡丝棒没调整好，挡丝位置不合适造成叠丝。

⑥ 工件表面有毛刺、氧化皮或锐边。

排除措施：

① 刚开始切入，速度应稍慢些，而视工件的材料厚薄，逐渐调整速度至合适位置。

② 排除工作液没有正常喷出的故障。

③ 尽量绷紧钼丝，使之消除抖动现象（必要时可调整导轮位置，使钼丝完全落入导轮中间槽内）。

④ 如果绷紧钼丝、调整导轮位置效果不明显，则应更换导轮或轴承（导轮和轴承一般 3 ~ 6 个月更换一次）。

⑤ 检查钼丝与挡丝棒位置是否接触或靠向里侧。

⑥ 去除工件表面的毛刺、氧化皮和锐边等。

（2）在切割过程中突然断丝。

产生原因：

① 贮丝筒换向时断丝的主要原因是贮丝筒换向时没有切断高频电源，致使钼丝烧断。

② 工件材料热处理不均匀，造成工件变形，夹断钼丝。

③ 脉冲电源电参数选择不当。

④ 工作液使用不当，太稀或太脏，以及工作液流量太小。

⑤ 导电块或挡丝棒与钼丝接触不好，或已被钼丝割成凹痕，造成卡丝。

⑥ 钼丝质量不好或已霉变发脆。

排除措施：

① 排除贮丝筒换向不切断高频脉冲电源的故障。

② 工件材料要求材质均匀，并经适当热处理，使切割时不易变形，且切割效率高，不易断丝。

③ 合理选择脉冲电源电参数。

④ 经常保持工作液的清洁，合理配制工作液。

⑤ 调整导电块或挡丝棒位置，必要时可更换导电块或挡丝棒。

⑥ 更换钼丝，切割较厚工件要使用较粗的钼丝加工。

2）其他一些断丝故障

（1）导轮不转或不灵活，钼丝与导轮造成滑动摩擦而把钼丝拉断，应重新调整导轮。电极丝受伤后，也会引起加工过程中的断丝。紧丝时，一定要用紧丝轮紧丝，不可用不恰当的工具。

（2）在工件接近切完时断丝，这种现象往往是工件材料变形，将电极丝夹断，并在断丝前会出现短路。主要解决办法是选择正确的切割路线和材料，从而最大限度地减少变形。

（3）工件切割完时跌落撞断电极丝，一般可在快切割完时用磁铁吸住工件，防止铁落撞断电极丝。

（4）空运转时断丝，主要可检查钼丝是否在导轮槽内，钼丝排列有无叠丝现象，可检查贮丝筒转动是否灵活，还可检查导电块挡丝棒是否已割出沟痕。

3）加工工件精度较差

（1）线架导轮径向跳动或轴向窜动较大，应测量导轮跳动及窜动误差（允差轴向 0.005 mm，径向 0.002 mm），如不符合要求，需调整或更换导轮及轴承。

（2）对滑动丝杆螺母副，应调整并消除丝杆与螺母之间的间隙。

（3）齿轮啮合存在间隙，须调整步进电机位置和调整弹簧消隙齿轮错齿量，来消除齿轮啮合间隙。

（4）步进电机静态力矩太小，造成失步。须检查步进电机及 24 V 驱动电压是否正常。

（5）加工工件因材料热处理不当造成的变形误差。

4）加工工件表面粗糙度大

（1）导轮窜动大或钼丝上下导轮不对中，需要重新调整导轮，消除窜动并使钼丝处于上下导轮槽中间位置。

（2）喷水嘴中有切削物嵌入，应及时清理。

（3）工作台及贮丝筒的丝杆轴向间隙未消除，应重新调整。

（4）贮丝筒跳动超差，造成局部抖丝，应检查跳动量（允差 0.2 mm）。

（5）电规准选择不当，应重新选择。

（6）高频与高频电源的实际切割能力不相适应，应重新选择高频电源开关数量。

（7）工作液选择不当或太脏，应更换工作液。

（8）钼丝张紧不匀或太松，应重新调整钼丝松紧。

模块五　零件热处理

一、实训目的

（1）了解零件热处理的基本知识、工艺特点及应用范围。

（2）熟悉零件热处理基本操作方法，并具有一定的操作技能。

二、实训预备知识

（一）热处理工艺概述

在机械零件或工模具的制造过程中，往往要经过各种冷、热加工，同时在各加工工序之间还经常要穿插多次热处理工艺。金属零件的热处理工艺过程主要包括加热、保温和冷却三个阶段，一般可用温度-时间坐标图形来表示，即热处理工艺曲线，如图 5-1 所示。

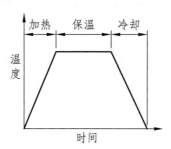

图 5-1　热处理工艺曲线

金属零件的热处理，按其作用可分为预备热处理和最终热处理，它们在零件的加工工艺路线中所处的位置如下：

铸造或锻造→预备热处理→机械（粗）加工→最终热处理→机械（精）加工。

为使工件满足使用条件下的性能要求的热处理称为最终热处理，如淬火＋回火等工序；为了消除前道工序造成的某些缺陷，或为随后的切削加工和最终热处理做好组织准备的热处理，称为预备热处理，如退火、正火工序。对于一个热处理工艺，无论是退火、正火、淬火＋回火，主要是看其目的是什么，为其他工序做准备就是预备热处理，为了得到最终的使用性能则为最终热处理。

常见重要的热处理工艺及特点如下：

1. 常规热处理

1）退火和正火

退火是将工件加热到一定温度，保持足够时间，然后以适宜速度冷却（通常是缓慢冷却，有时是控制冷却）的一种金属热处理工艺。正火则是将工件加热到适宜的温度后在空气中冷却，正火的效果同退火相似，只是得到的组织更细。

退火和正火的主要目的是改善切削性能，消除毛坯内应力，细化晶粒，均匀组织，为以后热处理做准备。例如：含碳量大于 0.7% 的碳钢和合金钢，为降低硬度便于切削加工采用退火处理；含碳量低于 0.3% 的低碳钢和低合金钢，为避免硬度过低切削时粘刀，而采用正火适当提高硬度。正火一般用于锻件、铸件和焊接件。退火一般安排在毛坯制造之后，粗加工之前进行。

2）淬火

淬火是将工件加热保温后，在水、油或其他无机盐、有机水溶液等淬冷介质中快速冷却。常见的淬火工艺有盐浴淬火、马氏体分级淬火、贝氏体等温淬火、表面淬火和局部淬火等。淬火的目的是使钢件获得所需的马氏体组织，提高工件的硬度、强度和耐磨性，为后道热处理做好组织准备等。

3）回火

回火是将经过淬火的工件重新加热到低于下临界温度的适当温度，保温一段时间后在空气或水、油等介质中冷却的金属热处理工艺。或将淬火后的合金工件加热到适当温度，保温若干时间，然后缓慢或快速冷却。回火一般用于减小或消除淬火工件中的内应力，或者降低其硬度和强度，以提高其延性或韧性。淬火后的工件应及时回火，通过淬火和回火的配合，才可以获得所需的力学性能。常见的回火工艺有低温回火、中温回火、高温回火和多次回火等。

以上"四把火"随着加热温度和冷却方式的不同，又演变出不同的热处理工艺。为了获得一定的强度和韧性，把淬火和高温回火结合起来的工艺，称为调质。某些合金淬火形成过饱和固溶体后，将其置于室温或稍高的适当温度下保持较长时间，以提高合金的硬度、强度等，这样的热处理工艺称为时效处理。

2. 表面热处理

表面热处理是只加热工件表层，以改变其表层力学性能的金属热处理工艺。为了只加热工件表层而不使过多的热量传入工件内部，使用的热源须具有高的能量密度，即在单位面积的工件上给予较大的热能，使工件表层或局部能短时或瞬时达到高温。表面热处理的主要方法有火焰淬火和感应加热热处理等，常用的热源有氧乙炔或氧丙烷等火焰、感应电流、激光和电子束等。

根据加热方法不同，表面淬火可分为感应加热（高频、中频、工频）表面淬火、火焰加热表面淬火、电接触加热表面淬火、电解液加热表面淬火、激光加热表面淬火、电子束表面淬火等。工业上应用最多的为感应加热和火焰加热表面淬火。

3. 化学热处理

化学热处理是利用化学反应、有时兼用物理方法改变钢件表层化学成分及组织结构，以便得到比均质材料更好的技术经济效益的金属热处理工艺。经化学热处理后的钢件，实质上可以认为是一种特殊复合材料，心部为原始成分的钢，表层则是渗入了合金元素的材料。心部与表层之间是紧密的晶体型结合，它比电镀等表面防护技术所获得的心、表部的结合要强得多。

化学热处理种类很多,按其主要目的大致可分两类:一类是以强化为主,例如渗碳、氮化(渗氮)、碳氮共渗、渗硼等,它们的主要目的是使零件表面硬度高、耐磨并提高疲劳抗力;另一类是以改善工件表面的物理、化学性能为主,如渗铬、渗铝、渗硅等,目的是提高工件表面抗氧化、耐腐蚀等性能。

1)渗碳

渗碳是指使碳原子渗入到钢表面层的过程。采用渗碳的多为低碳钢或低合金钢,具体方法是将工件置入具有活性渗碳的介质中,加热到 900~950 ℃ 的单相奥氏体区,保温足够时间后,使渗碳介质中分解出的活性碳原子渗入钢件表层,从而获得表层高碳,心部仍保持原有成分的工件。

2)渗氮

渗氮是在一定温度下一定介质中使氮原子渗入工件表层的化学热处理工艺,常见的有液体渗氮、气体渗氮、离子渗氮。传统的气体渗氮是把工件放入密封容器中,通以流动的氨气并加热,保温较长时间后,氨气热分解产生活性氮原子,不断吸附到工件表面,并扩散渗入工件表层内,从而改变表层的化学成分和组织,获得优良的表面性能。如果在渗氮过程中同时渗入碳以促进氮的扩散,则称为氮碳共渗。常用的是气体渗氮和离子渗氮。

(二)常用热处理设备

1. 加热设备

加热炉是热处理车间的主要设备,通常的分类方法为:按能源分为电阻炉、燃料炉;按工作温度分为高温炉(>1000 ℃)、中温炉(650~1000 ℃)、低温炉(<600 ℃);按工艺用途分为正火炉、退火炉、淬火炉、回火炉、渗碳炉等;按形状结构分为箱式炉、井式炉等。

1)箱式电阻炉

箱式电阻炉是由耐火砖砌成的炉膛及侧面和底面布置的电热元件组成通电后,电能转化为热能,通过热传导、热对流、热辐射达到对工件的加热。箱式电阻炉一般根据工件的大小和装炉量的多少选用。中温箱式电阻炉应用最为广泛,常用于碳素钢、合金钢零件的退火、正火、淬火及渗碳等。如图 5-2 所示为中温箱式电阻炉的结构示意图。

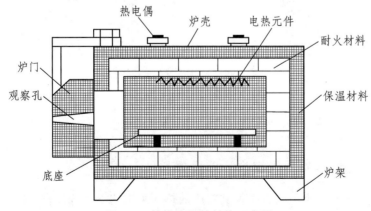

图 5-2 箱式电阻炉结构示意图

2）井式电阻炉

井式电阻炉的特点是炉身如井状置于地面以下，炉口向上，特别适宜于长轴类零件的垂直悬挂加热，可以减少弯曲变形。另外，井式炉可用吊车装卸工件，故应用较为广泛。如图5-3所示为井式电阻炉结构示意图。

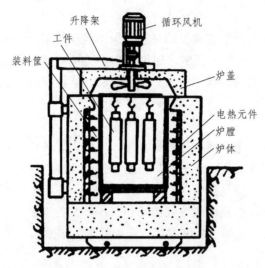

图 5-3　井式电阻炉结构示意图

2. 冷却设备

常用的冷却设备有水槽、油槽、浴炉、缓冷坑等。冷却介质包括自来水、盐水、机油、硝酸盐溶液等。油槽与水槽的不同之处在于油槽底部或靠近底部的侧壁上，开有事故放油孔，以便当车间发生火灾或淬火槽需要清理时，将油迅速放出。淬火槽常配有适当的冷却装置。图5-4所示为油循环冷却系统示意图。

 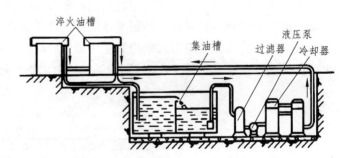

图 5-4　淬火油槽及油循环冷却系统示意图

三、实训内容及过程

实训项目：典型零件的常规热处理操作

从以下任务中任选一个项目，根据其对应的热处理工艺卡，选择合适的设备进行热处理操作。

① 双头螺栓的调质处理。

② 车刀的热处理。

③ 轴承外套的热处理。

④ 齿轮的热处理。

【实训过程】

（1）准备工作。

① 检查零件表面有没有裂纹。

② 检查热处理设备温度控制系统是否正常，热电偶温度测量仪表允差是否符合要求。

③ 检查炉膛内是否整洁。

（2）将零件均匀摆放在炉中的有效加热区内。装炉时应轻拿轻放，避免碰撞炉体。严禁采用投掷形式装炉。

（3）关闭炉门，打开电炉开关，设定好试验温度。

（4）炉温升到仪表控温并达到均温后，开始计算保温时间。在保温过程中，不得随意打开炉门。

（5）保温到工艺规定的时间后，将零件按不同的热处理工艺选择冷却方式。

※注意事项

① 使用时切勿超过电阻炉的最高温度。

② 装取试样时一定要切断电源，以防触电。

③ 装取试样时炉门开启时间应尽量短，以延长电炉使用寿命。

④ 禁止向炉膛内灌注任何液体。

⑤ 不得将沾有水和油的试样放入炉膛；不得用沾有水和油的夹子装取试样。

⑥ 装取试样时要戴专用手套，以防烫伤。

⑦ 试样应放在炉膛中间，整齐放好，切勿乱放。

⑧ 不得随便触摸电炉及周围的试样。

⑨ 使用完毕后应切断电源、水源。

模块六　固定连接及装配

一、实训目的

（1）了解和掌握零件固定连接基本方式。

（2）掌握零件装配前的锉削、修配、配钻、铰孔等钳加工基本操作。

二、实训预备知识

固定连接是指将零件或部件固定后，没有任何相对运动的连接，分为可拆式连接和不可拆式连接两种。可拆式连接是利用螺栓、花键、楔销等将零部件固定在一起。这种连接方式在维修时可以拆卸，且不会损坏零件。但使用的连接件规格（如螺栓、键、楔销的长度）必须正确，并紧固适当。不可拆式连接主要指焊接、铆接和过盈配合等。这种连接由于维修或更换时需锻、锯或氧割才能拆卸，零配件一般不能二次使用。零件的固定连接方式有多种，本实训模块主要介绍螺纹连接及相关内容。

（一）螺纹连接及其装配

螺纹连接是一种广泛使用的可拆卸的固定连接，具有结构简单、连接可靠、装拆方便等优点。螺纹连接最普通的形式是螺栓和螺母的配合使用。常用的螺纹连接件有螺栓、螺柱、螺钉和紧定螺钉等，多为标准紧固件。常见螺纹连接的主要类型、结构、特点及应用见表 6-1。

表 6-1　常见螺纹连接的主要类型、结构、特点及应用

类　型	结构示意图	特点及应用
螺栓连接		无须在连接件上加工螺纹，连接件不受材料的限制。主要用于连接件不太厚，并能从两边进行装配的场合
双头螺柱连接		拆卸时只需旋下螺母，螺柱仍留在机体螺纹孔内，故螺纹孔不易损坏。主要用于连接件较厚而又需经常装拆的场合
螺钉连接		主要用于连接件较厚或结构上受到限制，不能采用螺栓连接，且不需经常装拆的场合
紧定螺钉连接		紧定螺钉的末端贴紧其中一连接件的表面或进入该零件上相应的凹坑中，以固定两零件的相对位置，多用于轴与轴上零件的连接，传递不大的力或扭矩

1. 螺纹连接的装拆工具

螺纹连接的装拆工具主要有螺钉旋具、扳手等，具体类型及应用见表6-2、表6-3。

表6-2　螺钉旋具

类型	特点及应用
一字旋具	应用广泛，其规格以刀体部分的长度表示。常用规格有100 mm、150 mm、200 mm、300 mm和400 mm等几种。使用时，应根据螺钉沟槽的宽度选用相应的螺钉旋具
十字旋具	主要用来装拆头部带十字槽的螺钉，其优点是旋具不易从槽中滑出
快速旋具	推压手柄，使螺旋杆通过来复孔而转动，可以快速装拆小螺钉，提高装拆速度
弯头旋具	两端各有一个刃口，适用于螺钉头顶部空间受到限制的拆装场合

表6-3　扳手

扳手类型		特点及应用
通用扳手		开口尺寸可在一定范围内调节。使用时，应让其固定钳口承受主要作用力，否则容易损坏扳手。其规格用长度表示
专用扳手	呆扳手	用于装拆六角形或方头的螺母或螺钉，有单头和双头之分。其开口尺寸是与螺母或螺钉的对边间距的尺寸相适应的，并根据标准尺寸做成一套
	整体扳手	分为正方形、六角形、十二角形（梅花扳手）等。梅花扳手只要转过30°，就可改换方向再扳，适用于工作空间狭小，不能容纳普通扳手的场合
	套筒扳手	由一套尺寸不等的六方或梅花套筒组成，并配有手柄、接杆等多种附件，特别适用于工作空间十分狭小或凹陷在深处的螺栓或螺母。使用方便，工作效率较高
	钩形扳手	专门用来锁紧各种结构的圆螺母
	内六角扳手	用于装拆内六角螺钉。成套的内六角扳手，可供装拆M4~M30的内六角螺钉
特种扳手	扭力扳手	它在拧转螺栓或螺母时，能显示出所施加的扭矩；或者当施加的扭矩到达规定值后，会发出光或声响信号。扭力扳手适用于对扭矩大小有明确规定的场合
	棘轮扳手	使用方便，效率较高，反复摆动手柄即可逐渐拧紧螺母或螺钉
	管子扳手	用于管子的装拆

2. 螺纹连接的装配

装配不只是将合格零件、套件、组件和部件等简单地连接起来，而是需要根据一定的技术要求，通过校正、调整、平衡、配作以及反复检验等一系列工作来保证产品质量的一个复杂工艺过程。

1）技术要求

（1）保证一定的拧紧力矩。

为达到螺纹连接可靠和紧固的目的，螺纹连接装配时应有一定的拧紧力矩，使纹牙间产生足够的预紧力和摩擦力矩。

（2）有可靠的防松装置。

螺纹连接一般都具有自锁性，通常情况下，不会自行松脱，但在冲击、振动或交变载荷作用下，会使螺纹副之间的正压力突然减小，以致摩擦力矩减小，使螺纹连接松动。

（3）保证螺纹连接的配合精度。

螺纹配合精度由螺纹公差带和旋合长度两个因素确定，分为精密、中等和粗糙三种。

2）螺纹连接的装配工艺

一般的螺纹连接可用普通扳手或电动、风动扳手拧紧即可；而有规定预紧力的螺纹连接，则常用控制扭矩法、控制扭角法和控制螺栓伸长法等来保证准确的预紧力。

螺纹连接的防松主要方法见表6-4。

表6-4 常用螺纹防松装置的类型及应用

类 型		结构形式	特点及应用
附加摩擦力防松	双螺母防松	副螺母 主螺母	利用主、副两个螺母，先将主螺母拧紧至预定位置，然后再拧紧副螺母。这种防松装置由于要用两只螺母，增加了结构尺寸和质量，一般用于低速重载或较平稳的场合
	弹簧垫圈	70~80°	这种防松装置容易刮伤螺母和被连接件表面，同时，因弹力分布不均，螺母容易偏斜。其结构简单，一般用于工作较平稳，不经常装拆的场合
机械防松	开口销与带槽螺母		用开口销把螺母直接锁在螺栓上，它防松可靠，但螺杆上销孔位置不易与螺母最佳锁紧位置的槽口吻合。多用于变载和振动场合
	圆螺母与止动垫圈		装配时，先把垫圈的内翅插入螺杆槽中，然后拧紧螺母，再把外翅弯入螺母的外缺口内。用于受力不大的螺母防松
	六角螺母与止动垫圈		垫圈耳部分别与连接件和六角螺钉或螺母紧贴，防止回松。用于连接部可容纳弯耳的场合
	串联钢丝		用钢丝穿过各螺钉或螺母头部的径向小孔，利用钢丝的牵制作用来防止回松。使用时应注意钢丝的穿绕方向。适用于布置较紧凑的成组螺纹连接
破坏螺纹副间的运动关系防松	冲点和点焊	冲点 点焊	将螺钉或螺母拧紧后，在螺纹旋合处冲点或点焊。防松效果很好，用于不再拆卸的场合
	黏结	涂黏结剂	在螺纹旋合表面涂黏结剂，拧紧后，黏结剂自行固化，防松效果良好，且有密封作用，但不便拆卸

（二）螺纹加工

螺纹加工是指用成形刀具或磨具在工件上加工螺纹的方法，主要有车削、铣削、攻丝、套丝、磨削、研磨和旋风切削等。攻丝是钳工金属切削中的重要内容之一，包括划线、钻孔、攻丝等环节。攻丝一般只能加工三角形螺纹，属连接螺纹，用于两件或多件结构件的连接。螺纹的加工质量直接影响到构件的装配质量效果。

1. 划线

划线前，首先要看懂图纸和工艺要求，明确工作任务。然后，清理划线表面，涂上酒精溶液，选择好划线基准。选择划线基准时，尽可能使划线基准和设计基准重合，采用划线盘对毛坯进行划线，已加工好的表面则采用高度游标尺进行划线。划圆线时，先划出十字中心线再划圆线，大直径的圆可划多个圆线，用于在钻孔时作参考线。线条要求清晰均匀，划完线后要仔细检查划线的准确性及是否有漏划线条，确认无误后再打上样冲。

样冲应打在线条的中点，不可偏离线条，样冲在曲线上的冲点间距要小一些。直线上的冲点间距可大一些，但短线至少有 3 个冲点，在线条的交叉转折处必须有冲点。冲点的深浅要掌握适当，薄壁上或光滑表面上的冲点要浅些，粗糙表面或厚壁上的中心孔位置则要深些。

2. 钻孔

钻孔是指用钻头在实体材料上加工出孔的操作。

1）螺纹底孔直径的确定

攻丝前要先钻孔，由于在攻丝过程中，丝锥牙齿对材料既有切削作用还有一定的挤压作用，因此一般钻孔直径 D 略大于螺纹的内径，可查表或根据下列经验公式计算。

（1）在加工刚件和塑性较大的材料及扩张量中等的条件下，

$$D = d-P$$

（2）在加工铸铁和塑性较小的材料及扩张量较小的条件下，

$$D = d-(1.05\sim1.1)P$$

式中：d 为螺纹外径（mm）；P 为螺距（mm）。

若孔为盲孔（不通孔），由于丝锥不能攻到底，所以钻孔深度要大于螺纹长度，其大小等于要求的螺纹长度加上螺纹外径之和。

2）钻孔设备及工具

各种零件的孔加工，除去一部分由车、镗、铣等机床完成外，很大一部分是由钳工利用钻床和钻孔工具（钻头、扩孔钻、铰刀等）完成的。在钻床上钻孔时，一般情况下，钻头应同时完成两个运动：主运动，即钻头绕轴线的旋转运动（切削运动）；辅助运动，即钻头沿着轴线方向对着工件的直线运动（进给运动）。钻孔时，主要由于钻头结构上存在缺点，影响加工质量，加工精度一般在 IT10 级以下，表面粗糙度 R_a 为 12.5 μm 左右，属粗加工。

常用的钻床设备有台式钻床、立式钻床和摇臂钻床三种，手电钻也是常用的钻孔工具。

台式钻床简称台钻，是一种在工作台上作用的小型钻床。台钻小巧灵活，使用方便，结构简单，主要用于加工小型工件上的各种小孔。它在仪表制造、钳工和装配中用得较多。

立式台钻简称立钻，见图6-1。这类钻床的规格用最大钻孔直径表示。与台钻相比，立钻刚性好、功率大，因而允许钻削较大的孔，生产率较高，加工精度也较高。立钻适用于单件、小批量生产中加工中、小型零件。

图6-1　立式钻床示意图

摇臂钻床有一个能绕立柱旋转的摇臂、摇臂带着主轴箱可沿立柱垂直移动，同时主轴箱还能在摇臂上做横向移动。因此操作时能很方便地调整刀具的位置，以对准被加工孔的中心，而不需移动工件来进行加工。摇臂钻床适用于一些笨重的大工件以及多孔工件的加工。

手电钻是一种携带方便的小型钻孔用工具，由小电动机、控制开关、钻夹头和钻头几部分组成。

3）钻孔方法

在准确划线、打样冲眼后，采用钻床设备进行钻孔通常包括以下几个步骤。

（1）工件及钻头的装夹。

擦拭干净机床台面、夹具表面、工件基准面，将工件夹紧，要求装夹平整、牢靠，便于观察和测量。应注意工件的装夹方式，以防工件因装夹而变形。

根据实际情况选择合适的钻头，由于中心钻既能很好定位又能保证足够的刚度和强度，所以在钻底孔以选用中心钻为宜。

（2）试钻。

钻孔前必须先试钻，使钻头横刃对准孔中心样冲眼钻出一浅坑，然后目测该浅坑位置是否正确，并要不断纠偏，使浅坑与检验圆同轴。如果偏离较小，可在起钻的同时用力将工件向偏离的反方向推移，达到逐步校正。如果偏离过多，可以在偏离的反方向打几个样冲眼或用錾子錾出几条槽，这样做的目的是减少该部位切削阻力，从而在切削过程中使钻头产生偏离，调整钻头中心和孔中心的位置。试钻切去錾出的槽，再加深浅坑，直至浅坑和检验方格或检验圆重合，达到修正的目的后再将孔钻出。

注意：无论采用什么方法修正偏离，都必须在锥坑外圆小于钻头直径之前完成。如果不能完成，在条件允许的情况下，还可以在背面重新划线重复上述操作。

（3）钻孔。

钳工钻孔一般以手动进给操作为主，当试钻达到钻孔位置精度要求后，即可进行钻孔。

手动进给时，进给力量不应使钻头产生弯曲现象，以免孔轴线歪斜。钻小直径孔或深孔时，要经常退钻排屑，以免切屑阻塞而扭断钻头，一般在钻孔深度为直径的 3 倍时，一定要退钻排屑。此后，每钻进一些就应退屑，并注意冷却润滑，钻孔的表面粗糙度值要求很小时，还可以选用3%~5%乳化液、7%的硫化乳化液等起润滑作用的冷却润滑液。

钻孔将钻透时，手动进给用力必须减小，以防进给量突然过大、增大切削抗力，造成钻头折断，或使工件随着钻头转动造成事故。

3. 攻丝

攻丝，指的是用一定的扭矩将丝锥旋入要钻的底孔中加工出内螺纹。在实际生产中，攻丝常用方法分为手工攻丝和机工攻丝两种，两种方法各有利弊。手动攻丝精度高，质量有保证，但针对的是单件、小批量的加工，且效率低，成本高，加工过程中易断丝锥。而机工攻丝适合批量生产，但易出现螺纹精度不高，不易加工长螺纹，且机攻易出现批量报废等问题。

目前，在机械加工中，手工攻丝仍占有一定的地位。在实际生产中，有些螺纹孔由于所在的位置或零件形状的限制，不适用于机工攻丝。对于小孔螺纹，由于螺纹孔直径较小，丝锥强度较低，用机工攻丝容易折断丝锥，一般也常采用手工攻丝。但是，手工攻丝的质量受人为因素的影响较大，因此只有采取正确的攻丝方法，才能保证手工攻丝的加工质量。

手工攻丝通常是利用手用丝锥和绞杠来完成的，如图 6-2 所示。手用丝锥一般有两根或者三根，分别叫头攻、二攻和三攻，通常只有两根。手用丝锥材料一般是合金工具钢或碳素工具钢，而且尾部有方榫。头攻的切削部分磨倒 6 个刃，二攻的切削部分磨倒两个刃。使用的时候一般通过专用扳手进行切削。

图 6-2　手工攻丝工具组合

在开始攻丝时，要把丝锥放正，然后一手扶正丝锥，另一手轻轻转动绞杠。当丝锥旋转 1~2 圈后，从正面或侧面观察丝锥是否与工件基面垂直，必要时可用直角尺进行校正（图 6-3）。一般在攻进 3~4 圈螺纹后，丝锥的方向就基本确定。如果开始攻丝不正，可将丝锥旋出，用二锥加以纠正，然后再用头锥攻丝，当丝锥的切削部分全部进入工件时，就不再需要施加轴向力，靠螺纹自然旋进即可。

图 6-3　确定垂直示意图

攻丝时，一般以每次旋进 1/2 ~ 1 转为宜。但是，特殊情况下，应具体问题具体分析。例如：M5 以下的丝锥一次旋进不得大于 1/2 转；手攻细牙螺纹或精度要求较高的螺纹时，每次进给量还要适当减少；攻削铸铁比攻削钢材的速度可以适当快一些，每次旋进后，再倒转约为旋进的 1/2 行程；攻削较深螺纹时，为便于断屑和排屑，减少切削刃粘屑现象，保证锋利的刃口，应同时使切削液顺利地进入切削部位，起到冷却润滑作用。回转行程还要大一些，并需要往复拧转几次，另外，攻削盲孔螺纹时，要经常把丝锥退出，将切屑清除，以保证螺纹孔有效长度。

攻削盲孔螺纹时，当末锥攻完，用铰杠倒旋丝锥松动以后，用手将丝锥旋出，因为攻完的螺纹孔和丝锥的配合较松，而铰杠重，若用铰杠旋出丝锥，容易产生摇摆和振动，从而破坏螺纹的表面粗糙度。攻削通孔螺纹时，丝锥的校准部分尽量不要全部出头，以免扩大或损坏最后几扣螺纹。

攻丝时常见废品的产生原因如表 6-5 所示。

表 6-5　攻丝时常见废品的产生原因

类型	原因
烂牙	螺纹底孔直径太小，丝锥不易切入，孔口烂牙； 换用中锥、精锥时，与已切出的螺纹没有施合好就强行攻削； 初锥攻丝不正，用中锥、精锥时强行纠正； 对塑性材料未加切削液或丝锥不经常倒转，而把已切出的螺纹啃伤； 丝锥磨钝或切削刃有粘屑； 丝锥铰杠掌握不稳，攻铝合金等强度较低的材料时，容易被切烂牙
滑牙	攻不通孔螺纹时，丝锥已到底仍继续扳转； 在强度较低的材料上攻较小螺孔时，丝锥已切出螺纹仍继续加压力，或攻完退出时连铰杠转出
螺孔攻歪	丝锥位置不正
螺纹牙深不够	攻丝前底孔直径太大； 丝锥磨损

此外，在攻丝过程中，也可能出现丝锥损坏的情况。一般情况下，可能原因有以下几个方面：工件材料中夹有硬物等杂质；断屑排屑不良，产生切屑堵塞现象；丝锥位置不正，单边受力太大或强行纠正；两手用力不均丝锥崩牙或折断；丝锥磨钝，切削阻力太大；底孔直径太小；攻不通孔螺纹时丝锥已到底仍继续扳转；攻丝时用力过猛。

在取出断丝锥前，应先把孔中的切屑和丝锥碎屑清除干净，以防轧在螺纹与丝锥之间而阻碍丝锥的退出。

① 用狭錾或冲头抵在断丝锥的容屑槽中顺着退出的切线方向轻轻敲击，必要时再顺着旋进方向轻轻敲击，使丝锥在多次正反方向的敲击下产生松动，则退出就容易了。这种方法仅适用于断丝锥尚露出于孔口或接近孔口时。

② 在带方榫的断丝锥上拧上两个螺母，用钢丝（根数与丝锥容屑槽数相同）插入断丝锥和螺母的空槽中，然后用铰杠按退出方向扳动方榫，把断丝锥取出。

③ 在断丝锥上焊上一个六角螺钉，然后用扳手扳动六角螺钉头而使断丝锥退出。

④ 用乙炔火焰或喷灯对断丝锥加热使它退火，然后用钻头钻一不通孔。此时钻头直径应比底孔直径略小，钻孔时也要对准中心，防止将螺纹钻坏。孔钻好后打入一个扁形或方形冲头，再用扳手旋出断丝锥。

⑤ 用电火花加工设备将断丝锥熔掉。

（三）锉削修整

在装配过程中，根据装配的实际情况，经常要用手工锉、刮、研等方法修去该零件上的多余部分材料，使装配精度满足技术要求。

用锉刀从工件表面锉掉多余的金属，使工件达到图纸上所需要的尺寸、形状和表面粗糙度，这种操作叫作锉削。锉削可以加工平面、曲面、内外圆弧面及其他复杂表面，也可用于成型样板、模具、型腔以及部件、机器装配时的工件修整等。

1. 锉削工具

锉刀是锉削的刀具，用高碳工具钢 T12 制成，并经热处理，其硬度达 62 HRC，目前已经标准化（见轻工行业标准 QB/T 3842～3850—1999）。钳工常用的锉刀是普通锉、整形锉和异形锉三类，如图 6-4。

（a）普通锉　　　　　　　　（b）整形锉　　　　　　　　（c）异形锉

图 6-4　钳工锉刀

在选择锉刀时，一般基于以下几个原则：

（1）锉齿粗细的选择。锉齿粗细的选择决定于工件加工余量的大小、尺寸精度的高低和表面粗糙度的粗细。

（2）按工件材质选用锉刀。锉削非铁金属等软材料工件时，应选用单纹锉刀，否则只能选用粗锉刀。因为用细锉刀去锉软材料，易被切屑堵塞。锉削钢铁等硬材料工件时，应选用双齿纹锉刀。

（3）按工件表面形状选择锉刀断面形状，如图 6-5 所示。

（4）按工件加工面的大小和加工余量多少来选择锉刀规格。加工面尺寸和加工余量较大时，宜选用较长的锉刀；反之则选用较短的锉刀。

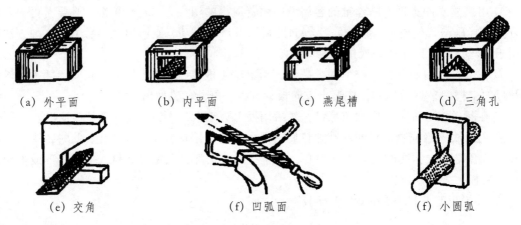

（a）外平面　　　　（b）内平面　　　　（c）燕尾槽　　　　（d）三角孔

（e）交角　　　　　（f）凹弧面　　　　　（f）小圆弧

图 6-5　锉刀断面形状的选择

合理使用和保养锉刀可以延长锉刀的使用期限，否则将过早地损坏。为此，必须注意下列使用和保养规则：

（1）不可用锉刀来锉毛坯的硬皮及工件上经过淬硬的表面。

（2）锉刀应先用一面，用钝后再用另一面。因为用过的锉齿比较容易锈蚀，两面同时都用则总的使用期缩短。

（3）锉刀每次使用完毕后，应用钢丝刷刷去锉纹中的残留铁屑，以免加快锉刀锈蚀。

（4）锉刀放置时不能与其他金属硬物相碰，锉刀与锉刀不能互相重叠堆放，以免锉齿损坏。

（5）防止锉刀沾水、沾油。

（6）不能把锉刀当作装拆、敲击或撬动的工具。

（7）使用整形锉时用力不可过猛，以免折断。

2. 锉削工艺简介

锉削前，工件夹持在虎钳的钳口中部，并略高于钳口 5~10 mm。夹持已加工表面时，应在钳口与工件之间加垫铜皮或铝皮等。

选择合适的锉刀进行锉削时，要始终保持锉刀水平移动，因此要特别注意两手的施力变化。开始推进锉刀时，左手压力大，右手压力小；锉刀推到中间位置时，两手的压力大致相等；再继续推进锉刀，左手的压力逐渐减小，右手压力逐渐增大。返回时不加压力，以免磨钝锉齿和损伤已加工表面。在使用大的锉刀时，右手握住锉柄，左手压在锉刀前端，使其保持水平，使用中型锉刀时，因用力较小，可用左手的拇指和食指握住锉刀的前端，以引导锉刀水平移动。

常用的锉削方法有顺向锉、交叉锉、推锉和滚锉。前三种锉法用于平面锉削，后一种用于弧面锉削。

1）平面的锉法

（1）顺向锉［图 6-6（a）］：顺向锉是最普通的锉削方法，适用于平面较小且加工余量也较小的锉削。顺向锉可得到平直的锉纹，使锉削的平面较为整齐美观。

（2）交叉锉［图 6-6（b）］：交叉锉适用于粗锉较大的平面。由于锉刀与工件接触面增大，锉刀易掌握平稳。同时从刀痕上可以判断出锉削面的高低情况，因此交叉锉易锉出较平整的平面。为了使刀痕变为正直，在平面将要锉削完成前应改用顺向锉。

不管采用顺向锉还是交叉锉，为了使整个平面都能均匀地锉到，一般应在每次抽回锉刀时向旁边略作移动。

（3）推锉［图 6-6（c）］：推锉法一般用来锉削狭长平面。若用顺向锉法而锉刀运动有阻碍时也可采用。推锉法不能充分发挥手的力量，锉齿切削效率也不高，故只适用于加工余量较小的场合。

（a）顺向锉　　　　　　　（b）交叉锉　　　　　　　（c）推锉

图 6-6　平面锉削示意图

平面锉削时常要检验平面度误差。一般可用钢直尺或刀口形直尺以透光法来检验。如图 6-7 所示，刀口形直尺沿加工面的纵向、横向和对角线方向多处进行检验，以判定整个加工面的平面度误差。如果检验处透光微弱而均匀，表示此处较平直；如果透光强弱不一，则表示此处高低不平，其中光线强处比较低，光线弱处比较高。当每次改变刀口形直尺的检验位置时，刀口形直尺应先提起，然后再轻放到另一位置，而不应在平面上拖动，否则直尺的边缘容易磨损而降低测量精度。

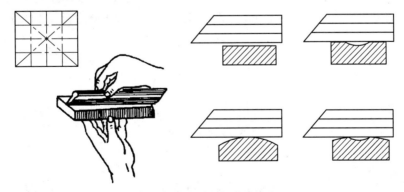

图 6-7　平面度误差检验示意图

2）曲面的锉法

滚锉法用于锉削内外圆弧面和内外倒角。锉削外圆弧面时，锉刀除向前运动外，还要沿工件被加工圆弧摆动；锉削内圆弧面时，锉刀除向前运动外，锉刀本身还要做一定的旋转运动和向左移动。

（1）凸圆弧面的锉法。

锉凸圆弧面一般采用顺向滚锉法［图 6-8（a）］，在锉刀做前进运动的同时，还绕工件圆弧的中心做摆动，摆动时右手把锉刀柄部往下压，而左手把锉刀前端向上提，这样锉出的圆弧面不会出现带棱边的现象。但这种方法不易发力，锉削效率不高，故适用于加工余量较小的场合。

当加工余量较大时，可采用横向滚锉法［图 6-8（b）］，由于锉刀做直线推进，便于发力，故效率较高。当粗锉成多棱形后，再用顺向滚锉法精锉成圆弧。

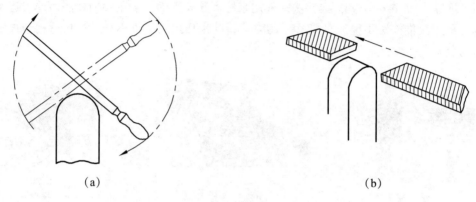

图 6-8　凸圆弧面锉法

（2）凹圆弧面的锉法。

如图 6-9 所示，锉凹圆弧面时锉刀要同时完成如下三个运动：

① 前进运动。

② 向左（或向右）移动（约半个到一个锉刀直径）。

③ 绕锉刀中心线转动（顺时针或逆时针方向转动约 90°）。

如果只有前进运动，锉出的凹圆弧就不正确；如果只有前进运动和向左（或向右）移动，凹圆弧也锉不好，因为锉刀在圆弧面上的位置不断改变，若锉刀不转动，手的压力方向就不易随锉削部位的改变而改变，切削不顺利；只有三个运动同时协调进行，才能锉好凹圆弧面。

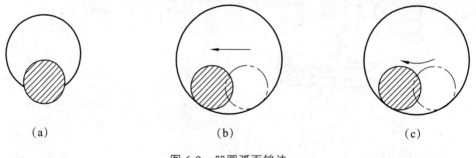

图 6-9　凹圆弧面锉法

3. 锉削的废品分析

锉削大多用来修整已经机械加工的工件，并且常作为最后一道精加工工序，一旦失误则前功尽弃，损失较大。为此钳工必须具有高度的工作责任心，牢固树立"质量第一"的观念，注意研究锉削废品的形式和产生原因，特别要精心操作，以防废品的产生。

锉削时产生废品的形式主要有以下几种：

1）工件夹坏

（1）加工过的表面被台虎钳口夹出伤痕，其原因大多是台虎钳口未加保护衬垫。有时虽有衬垫，如果工件材料较软而夹紧力过大，也会使表面夹坏。

（2）工件被夹变形，其原因是夹紧力太大或直接用台虎钳口夹紧而变形，对薄壁工件尤要注意。

2）尺寸和形状不准确

锉削时尺寸和形状尚未准确，而加工余量却没有了，其原因除了可能是划线不准确或锉削时测量有误差外，也可能是因锉削量过大又不及时检查。此外，由于操作技术不高或采用中凹的再生锉刀，也会造成锉削的平面有中凸的弊病。锉削角度面时，如果不细心，就可能把已锉好的相邻面锉坏。

3）表面不光

由于表面不光而造成废品的原因有以下几种：

（1）锉刀粗细选择不当。

（2）粗锉时刀痕太深，以致在精锉时也无法去除。

（3）铁屑嵌在锉纹中未及时清除而把工件表面拉毛。

三、实训内容及过程

实训项目 I：45 钢板材的螺纹连接装配

根据图 6-10 所示的零件加工图，完成 45 钢板材的螺纹加工及后续的双头螺柱连接装配。

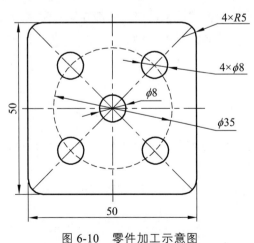

图 6-10 零件加工示意图

1. 划线

操作要点：先按钻孔的位置尺寸要求，使用高度尺划出孔位置的十字中心线，要求线条清晰准确；线条越细，精度越高。划完线后，使用游标卡尺或钢板尺进行检验。划完线并检验合格后，划出以孔中心线为对称中心的检验方格或检验圆，作为试钻孔时的检查线，以便钻孔时检查和借正钻孔位置，一般可以划出几个大小不一的检验方格或检验圆，小检验方格或检验圆略大于钻头横刃，大的检验方格或检验圆略大于钻头直径。

2. 打样冲眼

操作要点：先打一小点，在十字中心线的不同方向仔细观察，样冲眼是否打在十字中心线的交叉点上；确认样冲眼无误后，把样冲眼用力打正、打圆、打大，以便准确落钻定心。

3. 装夹

操作要点：擦拭干净机床台面、夹具表面、工件基准面，以合适的装夹方式将工件夹紧，要求装夹平整、牢靠，便于观察和测量。

4. 试钻

操作要点：使钻头横刃对准孔中心样冲眼钻出一浅坑，然后目测该浅坑位置是否正确，并要不断纠偏，使浅坑与检验圆同轴。如果偏离较小，可在起钻的同时用力将工件向偏离的反方向推移，达到逐步校正。如果偏离过多，可以在偏离的反方向打几个样冲眼或用錾子錾出几条槽，从而在切削过程中使钻头产生偏离，调整钻头中心和孔中心的位置。试钻切去錾出的槽，再加深浅坑，直至浅坑和检验方格或检验圆重合后，达到修正的目的再将孔钻出。

注意：无论采用什么方法修正偏离，都必须在锥坑外圆小于钻头直径之前完成。如果不能完成，在条件允许的情况下，还可以在背面重新划线重复上述操作。

5. 钻孔

操作要点：当试钻达到钻孔位置精度要求后，即可进行钻孔。手动进给时，应采用进给力量。钻小直径孔或深孔时，要经常退钻排屑，一般在钻孔深度为直径的 3 倍时，一定要退钻排屑。此后，每钻进一些就应退屑，并注意冷却润滑。钻孔将钻透时，手动进给用力必须减小。

6. 手工攻丝

（1）工件的装夹。

工件装夹位置要正确。一般情况下，应将工件需要攻丝的一面，置于水平或垂直位置，便于判断和保持丝锥垂直于工件基面。

操作要点：尽量使螺纹孔中心线置于水平或竖直位置，使攻丝容易判断丝锥轴线是否垂直于工件的平面。

（2）倒角。

工件上螺纹底孔的孔口要倒角，通孔螺纹两端都倒角。这样可使丝锥开始切削时容易切入，并可防止孔口的螺纹牙崩裂。

操作要点：选用合适的锉刀工具，利用滚锉法锉削倒角。倒角大小一般是螺距的 1~1.5 倍。

（3）将丝锥装入丝锥铰手上。

操作要点：<u>丝锥铰手用于夹住丝锥便于转动丝锥攻削。丝锥铰手要夹在锥柄的方榫上、不要夹在光滑的锥柄上，否则攻丝时铰手与丝锥之间会打滑。</u>

（4）将夹在铰手上的丝锥垂直地插入底孔。

操作要点：用目测法从纵与横两个方向交叉检查丝锥与孔口平面的垂直程度。如不垂直予以纠正。

（5）双手靠拢握住铰手柄，大拇指抵住铰手中部向下施压。按顺时针方向，边转边压，使丝锥逐步切入孔内。

操作要点：以均等的压力集中铰手中部，力求使丝锥垂直地切入孔内。压力要适当大些，转动铰手要缓慢些，防止孔口滑牙。

转动铰杠时，操作者的两手用力要平衡，切忌用力过猛和左右晃动，否则容易将螺纹牙型撕裂和导致螺纹孔扩大及出现锥度。如感到很费力时，切不可强行攻丝，应将丝锥倒转，使切屑排除，或用二锥攻削几圈，以减轻头锥切削部分的负荷，然后再用头锥继续攻丝。如果继续攻丝仍然很吃力或断续发出"咯、咯"的声音，则切削不正常或丝锥磨损，应立即停止攻丝，查找原因，否则丝锥有折断的可能。

（6）丝锥切入孔内 1~2 牙，检查丝锥的垂直程度。发现偏斜，予以纠正。

操作要点：用目测法交叉检查丝锥垂直程度。如果刀齿切入过多，强行纠正会损坏丝锥。应边转动铰手边朝偏斜的反方向缓缓地纠正。

（7）丝锥攻入孔内 3~4 牙后，双手分开握住铰手柄，不再加压，均匀地转动铰手。每转动 3/4 圈，倒旋 1/4 圈。攻削至旋不动为止。攻削过程中要适量地加入润滑油。

操作要点：攻入孔口 3~4 牙后，已有部分螺纹形成，只需转动铰手，不要加压，丝锥会自行向下切入。如果仍再加压攻削，会损坏已形成的螺纹。攻削时有切屑形成，会卡阻丝锥，倒旋目的是切断切屑，减少阻力。加入润滑油，减少切削阻力，可提高螺纹光洁程度，延长丝锥使用寿命。

（8）双手扶持铰手柄，按逆时针方向均匀平稳地转动，从孔内退出丝锥。清理丝锥和螺孔内切屑。

操作要点：双手要均匀平稳地倒旋铰手。当丝锥将从孔内全部退出时，应避免丝锥晃动，损坏螺纹。

7. 双头螺柱连接装配

操作要点：保证双头螺柱与机体螺纹的配合有足够的紧固性。双头螺柱的轴心线必须与机体表面垂直。装配时，可用 90°角尺进行检验。如发现较小的偏斜时，可用丝锥校正螺孔后再装配，或将装入的双头螺柱校正至垂直。偏斜较大时，不得强行校正，以免影响连接的可靠性。装入双头螺柱时必须加油润滑。

实训项目Ⅱ：45 钢板材的凹凸配合（含圆角锉削）

根据图 6-11 所示的零件加工图，完成 45 钢板材的凹凸配合。

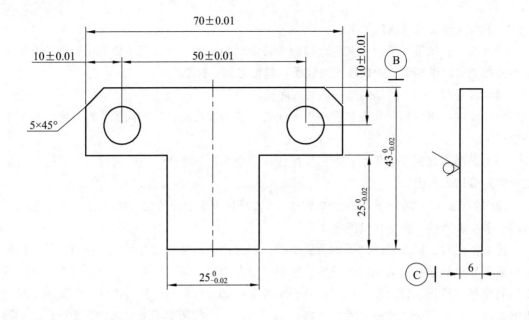

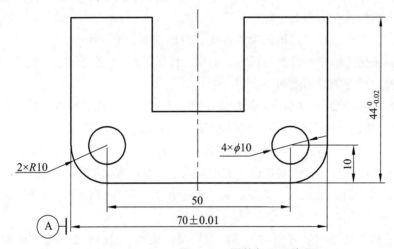

图 6-11　零件加工示意图

1. 工件装夹

（1）工件尽量夹在台虎钳钳口宽度的中间。

（2）装夹要稳固，但不能使工件变形。

（3）待锉削面离钳口不要太远，以免锉削时工件产生振动。

（4）装夹精加工面时，台虎钳口应衬以软钳口（铜或其他较软材料），以防表面夹坏。

2. 锉削姿势和要点

锉削时应正确掌握锉刀的握法及施力的变化。锉削时人站立的位置应和虎钳成 45°角，左脚在前，右脚在后，身体略微前倾 15°，左腿略弯，右腿站直，姿势自然、放松，如图 6-15 所示。

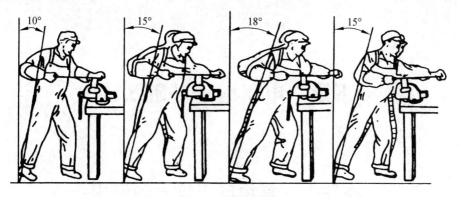

图 6-15 锉削姿势

锉削的操作要点：

（1）锉削时要保持正确的操作姿势和锉削速度。锉削速度一般为 40 次/min 左右。

（2）锉削时两手用力要平衡，回程时不要施加压力，以减少锉齿的磨损。

下篇　电工电子基础实训

模块七　常用电工仪表的使用

一、实训目的

（1）了解常用电工仪表的分类及用途。

（2）熟练掌握用万用表测量电阻、交直流电压、交直流电流的方法。

（3）熟练掌握万用表的日常维护方法。

二、实训预备知识

电工仪表是用于测量电压、电流、电能、电功率等电量和电阻、电感、电容等电路参数的仪表，在电气设备安全、经济、合理运行的监测与故障检修中起着十分重要的作用。电工仪表的结构性能及使用方法会影响电工测量的精确度，电工必须能合理选用电工仪表，而且要了解常用电工仪表的基本工作原理及使用方法。

电工仪表按测量对象不同分为电流表（安培表）、电压表（伏特表）、功率表（瓦特表）、电度表（千瓦时表）、欧姆表等，按仪表工作原理的不同分为磁电系、电磁系、电动系、感应系等，按被测电量种类的不同分为交流表、直流表、交直流两用表等，按使用性质和装置方法的不同分为固定式（开关板式）、携带式和智能式等。电工常用仪表主要包括万用表、钳形电流表、兆欧表、接地电阻测量仪、示波器、电工常用计量仪表、电流表、电压表、互感器和电桥等。

（一）万用表

万用表是一种多功能、多量程的便携式电工仪表，一般的万用表可以测量直流电流、直流电压、交流电压和电阻等。有些万用表还可测量电容、功率、晶体管共射极直流放大系数 H_{FE} 等。所以万用表是电工必备的仪表之一。万用表可分为指针式万用表和数字式万用表。

1. 指针式万用表

指针式万用表是一种多功能、多量程的测量仪表，一般万用表可测量直流电流、直流电压、交流电流、交流电压、电阻和音频电平等，有的还可以测交流电流、电容量、电感量及半导体的一些参数（如 β）。图 7-1 为 MF-30 型万用表外形图。

1）指针式万用表的基本结构

常见的指针式万用表虽然功能各异，但结构和原理基本相同。从外观上看，它们一般由外壳、表头、表盘、机械调零旋钮、电阻挡调零旋钮、转换开关、专用插座、表笔及其插孔等组成。

（1）表头。表头是万用表的重要组成部分，决定了万用表的灵敏度。表头由表针、磁路系统和偏转系统组成。为了提高测量的灵敏度和便于扩大电流的量程，表头一般都采用内阻较大、灵敏度较高的磁电式直流电流表。另外，表头上还设有机械调零旋钮，用以校正表针在左端的零位。表头上有 4 条刻度线，它们的功能如下：第一条（从上到下）标有"R"或"Ω"，指示的是电阻值，转换开关在欧姆挡时，即读此条刻度线。第二条标有"∽"和"VA"，指示的是交、直流电压和直流电流值，当转换开关在交、直流电压或直流电流挡，量程在除交流 10V 以外的其他位置时，即读此条刻度线。第三条标有"10 V"，指示的是 10 V 的交流电压值，当转换开关在交、直流电压挡，量程在交流 10 V 时，即读此条刻度线。第四条标有"dB"，指示的是音频电平。

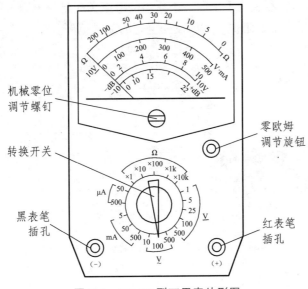

图 7-1　MF-30 型万用表外形图

（2）表盘。表盘由多种刻度线以及带有说明作用的各种符号组成。只有正确理解各种刻度线的读数方法和各种符号所代表的意义，才能熟练、准确地使用好万用表。

表盘上的符号 A－V－Ω 表示这只表是可以测量电流、电压和电阻的多用表。表盘上印有多条刻度线，其中右端标有"Ω"的是电阻刻度线，其右端表示零，左端表示∞，刻度值分布是不均匀的。符号"－"表示直流，"～"表示交流，"≈"表示交流和直流共用的刻度线，H_{FE} 表示晶体管放大倍数刻度线，dB 表示分贝电平刻度线。

（3）转换开关。转换开关的作用是选择各种不同的测量电路，以满足不同种类和不同量程的测量要求。

（4）机械调零旋钮和电阻挡调零旋钮。机械调零旋钮的作用是调整表针静止时的位置。万用表进行任何测量时，其表针应指在表盘刻度线左端"0"的位置上，如果不在这个位置，可调整该旋钮使其到位。

电阻挡调零旋钮的作用是，当红、黑两表笔短接时，表针应指在电阻（欧姆）挡刻度线的右端"0"的位置，如果不指在"0"的位置，可调整该旋钮使其到位。需要注意的是，每转换一次电阻挡的量程，都要调整该旋钮，使表针指在"0"的位置上，以减小测量的误差。

（5）表笔插孔。表笔分为红、黑两支，使用时应将红色表笔插入标有"+"号的插孔中，黑色表笔插入标有"-"号的插孔中。

2）指针式万用表的基本原理

万用表的基本工作原理是利用一只灵敏的磁电式直流电流表（微安表）做表头。当微小电流通过表头时，就会有电流指示。但表头不能通过大电流，所以，必须在表头上并联与串联一些电阻进行分流或降压，从而测出电路中的电流、电压和电阻。

（1）测直流电流原理。

如图 7-2（a）所示，在表头上并联一个适当的电阻（叫分流电阻）进行分流，就可以扩展电流量程。改变分流电阻的阻值，就能改变电流测量范围。

（2）测直流电压原理。

如图 7-2（b）所示，在表头上串联一个适当的电阻（叫倍增电阻）进行降压，就可以扩展电压量程。改变倍增电阻的阻值，就能改变电压的测量范围。

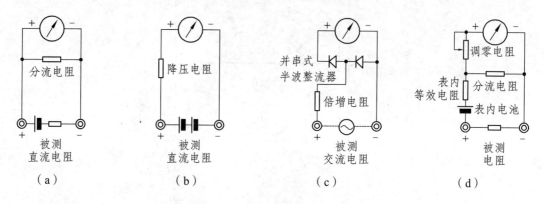

图 7-2　指针式万用表的基本工作原理

（3）测交流电压原理。

如图 7-2（c）所示，因为表头是直流表，所以测量交流时，需加装一个并、串式半波整流电路，将交流进行整流变成直流后再通过表头，这样就可以根据直流电的大小来测量交流电压。其扩展交流电压量程的方法与直流电压量程相似。

（4）测电阻原理。

如图 7-2（d）所示，在表头上并联和串联适当的电阻，同时串接一节电池，使电流通过被测电阻，根据电流的大小，就可测量出电阻值。改变分流电阻的阻值，就能改变电阻的量程。

3）指针式万用表的使用方法

测试前，首先把万用表放置在水平状态，并视其表针是否处于零点（指电流、电压刻度的零点），若不在，则应调整表头下方的"机械零位调整"，使指针指向零点。根据被测项，正确选择万用表上的测量项目及量程开关。

如已知被测量的数量级，则就选择与其相对应的数量级量程。如不知被测量值的数量级，则应从选择最大量程开始测量，当指针偏转角太小而无法精确读数时，再把量程减小。一般以指针偏转角不小于最大刻度的 30%为合理量程。

（1）测量直流电压。

① 把转换开关拨到直流电压挡，并选择合适的量程。当被测电压数值范围不清楚时，可先选用较高的测量范围挡，再逐步选用低挡，测量的读数最好选在满刻度的 2/3 处附近，原理如图 7-3 所示。

② 把万用表并接到被测电路上，红表笔接到被测电压的正极，黑表笔接到被测电压的负极，不能接反。

③ 根据指针稳定时的位置及所选量程，正确读数。

（2）测量交流电压。

① 把转换开关拨到交流电压挡，选择合适的量程。

② 将万用表两根表笔并接在被测电路的两端，不分正负极。

③ 根据指针稳定时的位置及所选量程，正确读数。其读数为交流电压的有效值。

（3）测量直流电流。

① 把转换开关拨到直流电流挡，选择合适的量程。

② 将被测电路断开，万用表串接于被测电路中。注意正、负极性：电流从红表笔流入，从黑表笔流出，不可接反。

③ 根据指针稳定时的位置及所选量程，正确读数。

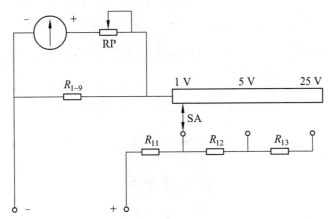

图 7-3　万用表测量直流电压的原理图

（4）测量电阻。

① 把转换开关拨到欧姆挡，合理选择量程。

② 两表笔短接，进行电调零，即转动零欧姆调节旋钮，使指针指到电阻刻度右边的 "0" Ω 处。

③ 将被测电阻脱离电源，用两表笔接触电阻两端，从表头指针显示的读数乘所选量程的倍率数即为所测电阻的阻值。如选用 "$R×100$" 挡测量，指针指示 40，则被测电阻值为：$40×100 = 4\ 000\ Ω = 4\ kΩ$。

4）注意事项

使用指针式万用表时，应注意如下事项：

（1）测量电流与电压不能旋错挡位。如果误将电阻挡或电流挡去测电压，就极易烧坏电表。万用表不用时，最好将挡位旋至交流电压最高挡，避免因使用不当而损坏。

（2）测量直流电压和直流电流时，注意"+""–"极性，不要接错。如发现指针反转，应立即调换表笔，以免损坏指针及表头。

（3）如果不知道被测电压或电流的大小，应先用最高挡，而后再选用合适的挡位来测试，以免表针偏转过度而损坏表头。所选用的挡位愈靠近被测值，测量的数值就愈准确。

（4）测量电阻时，不要用手触及元件裸体的两端（或两支表笔的金属部分），以免人体电阻与被测电阻并联，使测量结果不准确。

（5）测量电阻时，如将两支表笔短接，调"零欧姆"旋钮至最大，指针仍然达不到 0 点，这种现象通常是由于表内电池电压不足造成的，应换上新电池方能准确测量。

（6）万用表不用时，不要旋在电阻挡。这是因为表内有电池，如不小心，很容易使两根表笔相碰短路，不仅耗费电池，严重时甚至会损坏表头。

2. 数字式万用表

数字万用表（图 7-4）是目前最常用的一种多用途的电子测量仪器，其主要特点是准确度高、分辨率强、测试功能完善、测量速度快、显示直观、过滤能力强、耗电省，便于携带。进入 20 世纪 90 年代以来，数字万用表在我国获得迅速普及与广泛使用，已成为现代电子测量与维修工作的必备仪表，并正在逐步取代传统的模拟式（即指针式）万用表。

与指针式万用表相比，数字万用表的表头一般由一只 A/D（模拟/数字）转换芯片+外围元件+液晶显示器组成。万用表的精度受表头的影响。万用表由于 A/D 芯片转换出来的数字，一般也称为 $3\frac{1}{2}$ 位数字万用表、$4\frac{1}{2}$ 位数字万用表等等。最常用的芯片是 ICL7106（3 位半 LCD 手动量程经典芯片，后续版本为 7106A、7106B、7206、7240 等等）、ICL7129（4 位半 LCD 手动量程经典芯片）、ICL7107（3 位半 LED 手动量程经典芯片）。

图 7-4　数字万用表示意图

数字万用表不仅可以测量直流电压（DCV）、交流电压（ACV）、直流电流（DCA）、交流电流（ACA）、电阻（Ω）、二极管正向压降（VF）、晶体管发射极电流放大系数（h_{EF}），还能测电容量（C）、电导（ns）、温度（T）、频率（f)，并增加了用以检查线路通断的蜂鸣器挡（BZ）、低功率法测电阻挡（L0Ω）。有的仪表还具有电感挡、信号挡、AC/DC自动转换功能、电容挡自动转换量程功能。

此外，数显型数字万用表大多增加了下述新颖实用的测试功能：读数保持（HOLD）、逻辑测试（LOGIC）、真有效值（TRMS）、相对值测量（RELΔ）、自动关机（AUTO OFF POWER）等。

使用数字万用表时，除了前述指针式万用表注意事项外，还应注意以下事项：

（1）不允许带电测量电阻，否则会烧坏万用表。

（2）万用表内干电池的正极与面板上"-"号插孔相连，干电池的负极与面板上的"+"号插孔相连。在测量电解电容和晶体管等器件的电阻时要注意极性。

（3）每换一次倍率挡，要重新进行电调零。

（4）不允许用万用表电阻挡直接测量高灵敏度表头内阻，以免烧坏表头。

（5）测量完毕，将转换开关置于交流电压最高挡或空挡。

（6）满量程时，仪表仅在最高位显示数字"1"，其他位均消失，这时应选择更高的量程。如果无法预先估计被测电压或电流的大小，则应先拨至最高量程挡测量一次，再视情况逐渐把量程减小到合适位置。测量完毕，应将量程开关拨到最高电压挡，并关闭电源。

（7）测量电压时，应将数字万用表与被测电路并联。测电流时应与被测电路串联，测直流量时不必考虑正、负极性。

（8）当误用交流电压挡去测量直流电压，或者误用直流电压挡测量交流电时，显示屏将显示"000"，或低位上的数字出现跳动。

（9）禁止在测量高电压（220V以上）或大电流（0.5A以上）时换量程，以防止产生电弧，烧毁开关触点。

（10）当万用表的电池电量即将耗尽时，液晶显示器左上角电池电量低提示会有电池符号显示，此时电量不足，若仍进行测量，测量值会比实际值偏高。

3. 指针式万用表与数字式万用表的优缺点对比

指针式与数字式万用表各有优缺点。

（1）指针万用表是一种平均值式仪表，它具有直观、形象的读数指示。而数字万用表是瞬时取样式仪表，它采用0.3 s取一次样来显示测量结果，有时每次取样结果只是十分相近，并不完全相同，这对于读取结果就不如指针式方便。

（2）指针式万用表一般内部没有放大器，所以内阻较小。数字式万用表由于内部采用了运放电路，内阻可以做得很大，往往为1 MΩ或更大（即可以得到更高的灵敏度）。这使得对被测电路的影响可以更小，测量精度较高。

（3）指针式万用表由于内阻较小，且多采用分立元件构成分流分压电路，所以频率特性是不均匀的（相对数字式来说），而数字式万用表的频率特性相对好一点。

（4）指针式万用表内部结构简单，所以成本较低，功能较少，维护简单，过流过压能力较强。数字式万用表内部采用了多种振荡、放大、分频保护等电路，所以功能较多。比如可以测量温度、频率（在一个较低的范围）、电容、电感，作信号发生器，等等。数字式万用表由于内部结构多用集成电路，所以过载能力较差，损坏后一般也不易修复。

（5）数字式万用表输出电压较低（通常不超过1 V），对于一些电压特性特殊的元件的测试不便（如可控硅、发光二极管等）。指针式万用表输出电压较高，电流也大，可以方便地测试可控硅、发光二极管等。

对于初学者应当使用指针式万用表，对于非初学者应当使用两种仪表。

（二）钳形电流表

钳形电流表是由电流互感器和电流表组合而成的，见图7-5。电流互感器的铁芯在捏紧扳手时可以张开；被测电流所通过的导线可以不必切断就可穿过铁芯张开的缺口，当放开扳手后铁芯闭合。通常用普通电流表测量电流时，需要将电路切断停机后才能将电流表接入进行测量，这是很麻烦的，有时正常运行的电动机不允许这样做。此时，使用钳形电流表就显得方便多了，可以在不切断电路的情况下来测量电流。

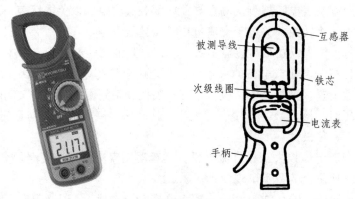

图 7-5　钳形电流表示意图

1. 工作原理

常见的钳型电流表多为互感式钳型电流表，由电流互感器和整流系电流表组成，原理如图7-6所示。互感式钳形电流表是利用电磁感应原理来测量电流的。电流互感器的铁芯呈钳口形，当紧握钳形电流表的把手时，其铁芯张开，将被测电流的导线放入钳口中。松开把手后铁芯闭合，通有被测电流的导线就成为电流互感器的原边，于是在副边就会产生感生电流，并送入整流系电流表进行测量。电流表的标度是按原边电流刻度的，因此仪表的读数就是被测导线中的电流值。互感型钳形电流表只能测交流电流。

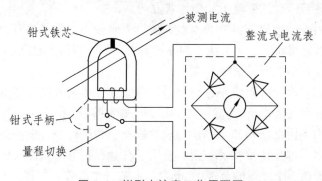

图 7-6　钳形电流表工作原理图

2. 使用方法

（1）首先正确选择钳型电流表的电压等级，检查其外观绝缘是否良好、有无破损，指针是否摆动灵活，钳口有无锈蚀，等。根据电动机功率估计额定电流，以选择表的量程。

（2）在使用钳形电流表前应仔细阅读说明书，弄清是交流还是交直流两用钳形表。

（3）由于钳形电流表本身精度较低，在测量小电流时，可采用下述方法：先将被测电路的导线绕几圈，再放进钳形表的钳口内进行测量。此时钳形表所指示的电流值并非被测量的实际值，实际电流应当为钳形表的读数除以导线缠绕的圈数。

（4）钳型表钳口在测量时闭合要紧密，闭合后如有杂音，可打开钳口重合一次，若杂音仍不能消除时，应检查磁路上各接合面是否光洁，有尘污时要擦拭干净。

（5）钳形表每次只能测量一相导线的电流，被测导线应置于钳形窗口中央，不可以将多相导线都夹入窗口测量。

（6）被测电路电压不能超过钳形表上所标明的数值，否则容易造成接地事故，或者引起触电危险。

（7）测量运行中笼型异步电动机工作电流。根据电流大小，可以检查判断电动机工作情况是否正常，以保证电动机安全运行，延长使用寿命。

（8）测量时，可以每相测一次，也可以三相测一次，此时表上数字应为零（因三相电流相量和为零），当钳口内有两根相线时，表上显示数值为第三相的电流值，通过测量各相电流可以判断电动机是否有过载现象（所测电流超过额定电流值）、电动机内部或电源（把其他形式的能转换成电能的装置叫作电源）电压是否有问题，即三相电流不平衡是否超过10%的限度。

（9）钳形表测量前应先估计被测电流的大小，再决定用哪一量程。若无法估计，可先用最大量程挡然后适当换小些，以准确读数。不能使用小电流挡去测量大电流，以防损坏仪表。

3. 使用注意事项

（1）进行电流测量时，被测载流体的位置应放在钳口中央，以免产生误差。

（2）测量前应估计被测电流的大小，选择合适的量程，在不知道电流大小时，应选择最大量程，再根据指针适当减小量程，但不能在测量时转换量程。

（3）为了使读数准确，应保持钳口干净无损，如有污垢时，应用汽油擦洗干净再进行测量。

（4）在测量 5 A 以下的电流时，为了测量准确，应该绕圈测量。

（5）钳形表不能测量裸导线电流，以防触电和短路。

（6）测量完后一定要将量程分挡旋钮放到最大量程位置上。

（三）兆欧表

兆欧表又称摇表，见图 7-7。它的刻度是以兆欧（MΩ）为单位的。兆欧表由中大规模集成电路组成。这种表输出功率大、短路电流值高、输出电压等级多（每种机型有 4 个电压等级）。兆欧表是电力、邮电、通信、机电安装和维修以及利用电力作为工业动力或能源的工业企业部门常用而必不可少的仪表。它适用于测量各种绝缘材料的电阻值及变压器、电机、电缆及电气设备等的绝缘电阻。

1. 工作原理

数字兆欧表的工作原理为由机内电池作为电源经 DC/DC 变换产生的直流高压由 E 极流

出，经被测试品到达 L 极，从而产生一个从 E 到 L 极的电流，经过 I/V 变换经除法器完成运算直接将被测的绝缘电阻值由 LCD 显示出来。

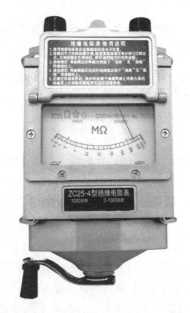

图 7-7　兆欧表示意图

2. 使用方法

（1）测量前必须将被测设备电源切断，并对地短路放电。决不能让设备带电进行测量，以保证人身和设备的安全。对可能感应出高压电的设备，必须消除这种可能性后，才能进行测量。

（2）被测物表面要清洁，以减少接触电阻，确保测量结果的正确性。

（3）测量前应将兆欧表进行一次开路和短路试验，检查兆欧表是否良好。即在兆欧表未接上被测物之前，摇动手柄使发电机达到额定转速（120 r/min），观察指针是否指在标尺的"∞"位置。将接线柱"线（L）和地（E）"短接，缓慢摇动手柄，观察指针是否指在标尺的"0"位。如指针不能指到该指的位置，表明兆欧表有故障，应检修后再用。

（4）兆欧表使用时应放在平稳、牢固的地方，且远离大的外电流导体和外磁场。

（5）必须正确接线。兆欧表上一般有三个接线柱，其中 L 接在被测物和大地绝缘的导体部分，E 接被测物的外壳或大地，G 接在被测物的屏蔽层上或不需要测量的部分上。测量绝缘电阻时，一般只用"L"和"E"端。但在测量电缆对地的绝缘电阻或被测设备的漏电流较严重时，就要使用"G"端，并将"G"端接屏蔽层或外壳。线路接好后，可按顺时针方向转动摇把。摇动的速度应由慢而快，当转速在 120 r/min 左右时（ZC-25 型），保持匀速转动，1 min 后读数，并且要边摇边读数，不能停下来读数。

（6）摇测时将兆欧表置于水平位置，摇把转动时其端钮间不许短路。摇动手柄应由慢渐快，若发现指针指零说明被测绝缘物可能发生了短路，这时就不能继续摇动手柄，以防表内线圈发热损坏。

（7）读数完毕，将被测设备放电。放电方法是将测量时使用的地线从兆欧表上取下来与被测设备短接一下即可（不是兆欧表放电）。

3. 使用注意事项

（1）禁止在雷电时或高压设备附近测绝缘电阻，只能在设备不带电，也没有感应电的情况下测量。

（2）摇测过程中，被测设备上不能有人工作。

（3）兆欧表线不能绞在一起，要分开。

（4）兆欧表未停止转动之前或被测设备未放电之前，严禁用手触及。拆线时，也不要触及引线的金属部分。

（5）测量结束时，对于大电容设备要放电。

（6）兆欧表接线柱引出的测量软线绝缘应良好，两根导线之间和导线与地之间应保持适当距离，以免影响测量精度。

（7）为了防止被测设备表面泄漏电阻，使用兆欧表时，应将被测设备的中间层（如电缆壳芯之间的内层绝缘物）接于保护环上。

（8）要定期校验其准确度。

三、实训内容及过程

实训项目 I：万用表测量常用元器件相关参数

（一）指针万用表测量 10 kΩ 电阻

1. 测电阻 10 kΩ 测量步骤

（1）将红表笔接万用表"+"极，黑表笔接万用表"−"极。

（2）选择合适挡位即欧姆挡，选择合适倍率。

（3）将红黑表笔短接，看指针是否指零。如果不指零，可以通过调整调零按钮使指针指零。

（4）取下待测电阻（10 kΩ）即使待测电阻脱离电源，将红黑表笔并联在电阻两端。

（5）观察示数是否在表的中值附近。

（6）如指针偏转太小，则更换更小量程；相反则换更大量程测量。

2. 注意事项

（1）欧姆调零时，手指不要触摸表笔金属部分。

（2）每换一次倍率挡，都要重新进行欧姆调零，以保证测量准确。

（3）对于难以估计阻值大小的电阻可以采用试接触法，观察表笔摆动幅度，摆动幅度太大要换大的倍率，相反换小的倍率，使指针尽可能在刻度盘的 1/3~2/3 区域内。

（4）使待测电阻脱离电源部分。

（5）读数时，要使表盘示数乘以倍率。

（二）万用表测量电压

1．测量 36V 交流电压的测量步骤

（1）将红表笔接万用表"+"极，黑表笔接万用表"−"极。

（2）将万用表选到合适挡位即交、直流电压挡，选择合适量程（100 V）。

（3）将万用表两表笔和被测电路或负载并联。

（4）观察示数，看是否接近满偏。

2．测量 1.5 V 直流电压的测量步骤

（1）将红表笔接万用表"+"极，黑表笔接万用表"−"极。

（2）将万用表选到合适挡位即交、直流电压挡，选择合适量程（5 V）。

（3）将万用表两表笔和被测电路或负载并联，且使"+"表笔（红表笔）接到高电位处，"−"表笔（黑表笔）接到低电位处，即让电流从"+"表笔流入，从"−"表笔流出。

（三）万用表测电流

1．测量 0.15 A 直流电流的测量步骤

（1）将红表笔接万用表"+"极，黑表笔接万用表"−"极。

（2）将万用表选到合适挡位即直流电流挡，选择合适量程（500 mA）。

（3）将万用表两表笔和被测电路或负载串联，且使"+"表笔（红表笔）接到高电位处，即让电流从"+"表笔流入，从"−"表笔流出。

2．注意事项

（1）在测量直流电流时，若表笔接反，表头指针会反方向偏转，容易撞弯指针；故采用试接触方法，若发现反偏，立刻对调表笔。

（2）事先不清楚被测电流的大小时，应先选择最高量程挡，然后逐渐减小到合适的量程。

（3）量程的选择应尽量使指针偏转到满刻度的 2/3 左右。

（四）万用表测电容

1．测量步骤

（1）将电容两端短接，对电容进行放电，确保数字万用表的安全。

（2）将功能旋转开关打至电容"F"测量挡，并选择合适的量程。

（3）将电容插入万用表 CX 插孔，如图 7-8 所示。

（4）读出 LCD 显示屏上数字。

2．注意事项

（1）测量前电容需要放电，否则容易损坏万用表。

（2）测量后也要放电，避免埋下安全隐患。

（3）仪器本身已对电容挡设置了保护，故在电容测试过程中不用考虑极性及电容充放电等情况。

（4）测量电容时，将电容插入专用的电容测试座中（不要插入表笔插孔 COM、V/Ω）。

（5）测量大电容时稳定读数需要一定的时间。

（6）电容的单位换算：$1\,\mu F = 10^6\,pF$；$1\,\mu F = 10^3\,nF$。

图 7-8　万用表测电容示意图

实训项目 Ⅱ：钳形电流表测量低压系统电流

（一）准备工作

（1）检查钳口上的绝缘材料有无脱落、破裂等损伤现象，若有则必须待修复之后方可使用。

（2）检查钳形电流表包括表头玻璃在内的整个外壳，不得有开裂和破损现象。

（3）对于指针钳形电流表，还要检查零点是否正确，若表针不在零点时可通过调节机构调准。

（4）对于数字式钳形电流表，还需检查表内电池的电量是否充足，不足时必须更新。

（二）选择量程

测量前应先估计被测电流的大小，选择合适的量程。如果不清楚，先选大量程，后选小量程，尽量使被测量值接近于量程。特别要提醒的是，转换量程应在退出导线后进行。

选挡的原则：已知被测电流范围时，选用大于被测值但又与之最接近的那一挡。不知被测电流范围时，可先置于电流最高挡试测（或根据导线截面，并估算其安全载流量，适当选挡），根据试测情况决定是否需要降挡测量。

（三）测量电流

（1）测试人应戴手套，将表平放，紧握钳形电流表把手和扳手，按动扳手打开钳口，尽量将被测线路的一根载流电线置于钳口内中心位置，减小误差，再松开扳手使两钳口表面紧紧贴合。

（2）被测电流过小时，为了得到较准确的读数，若条件允许，可将被测导线绕几圈后套进钳口进行测量。此时，钳形表读数除以钳口内的导线根数，即为实际电流值。通常不允许用钳形电流表测量裸导线的电流，如果必须测量时，应当对裸导线实施绝缘隔离，防止意外情况发生。

（3）测量完成后要将钳形电流表的量程调到交流最高挡，并关闭电源。

模块八　常用元器件的识别与检测

一、实训目的

（1）熟悉不同规格和种类的电子元器件。

（2）掌握万用表检查电子元器件的基本方法。

二、实训预备知识

电子元器件是组成电子电路的最小单位，可以在同类产品中通用，也是维修中需要检测和更换的对象。电子元器件常指电器、无线电、仪表等工业的某些零件，如电阻、电容、晶体管等元件和器件的总称。

（一）电阻器

电阻器在日常生活中一般直接称为电阻，是一个限流元件。将电阻接在电路中后，电阻器的阻值是固定的。电阻器一般有两个引脚，它可限制通过它所连支路的电流大小。阻值不能改变的称为固定电阻器，阻值可变的称为电位器或可变电阻器。理想的电阻器是线性的，即通过电阻器的瞬时电流与外加瞬时电压成正比。

电阻器没有极性（正负极），电阻元件的基本特征是消耗能量或者叫吸收能量。电阻在电路中的字母符号为 R，单位为欧（Ω），另外还有千欧（kΩ）、兆欧（MΩ）。$1\ MΩ=1\ 000\ kΩ=10^6Ω$。电阻器的体积很小，一般在电阻器的表面标明阻值、精度、材料、功率等几项。色环电阻是最常用的电阻器之一，它是在电阻封装上（即电阻表面）涂上一定颜色的色环，来代表这个电阻的阻值。

1. 色环电阻的识别

色环电阻（图 8-1）是电子电路中最常用的电子元件，采用色环来代表颜色和误差，可以保证电阻无论按什么方向安装都可以方便、清楚地看见色环。

图 8-1　色环电阻示意图

色环电阻用色环来表示电阻的阻值和误差，普通的为四色环，高精密的用五色环表示，另外还有六色环表示的（此种产品只用于高科技产品且价格十分昂贵）。表 8-1 为色环电阻对照关系，其识别方法如下：

表 8-1 色环电阻对照表

颜色	数值	倍乘数	误差/%	温度关系/（×10 /℃）
棕	1	10	±1	100
红	2	10^2	±2	50
橙	3	10^3	—	15
黄	4	10^4	—	25
绿	5	10^5	±0.5	
蓝	6	10^6	±0.25	10
紫	7	10^7	±0.1	5
灰	8		±0.05	
白	9			1
黑	0	1	—	
金	—	0.1	±5	
银	—	0.01	±10	
无色			±20	

1）四色环电阻

四色环电阻就是指用 4 条色环表示阻值的电阻，从左向右数：第一道色环表示阻值的最大一位数字；第二道色环表示阻值的第二位数字；第三道色环表示阻值倍乘的数；第四道色环表示阻值允许的偏差（精度）。

例如一个电阻的第一环为红色（代表 2）、第二环为紫色（代表 7）、第三环为棕色（代表 10 倍）、第四环为金色(代表±5%)，那么这个电阻的阻值应该是 270 Ω，阻值的误差范围为±5%。

2）五色环电阻

五色环电阻就是指用五条色环表示阻值的电阻，从左向右数：第一道色环表示阻值的最大一位数字；第二道色环表示阻值的第二位数字；第三道色环表示阻值的第三位数字；第四道色环表示阻值的倍乘数；第五道色环表示误差范围。

例如有个五色环电阻，第一环为红（代表 2）、第二环为红（代表 2）、第三环为黑（代表 0）、第四环为黑（代表 1 倍）、第五环为棕色（代表±1%），则其阻值为 220 Ω×1=220 Ω，误差范围为±1%。

3）六色环电阻

六色环电阻就是指用六色环表示阻值的电阻，六色环电阻前五色环与五色环电阻表示方法一样，第六色环表示该电阻的温度系数。

2. 贴片电阻的识别

贴片式固定电阻器，是从 Chip Fixed Resistor 直接翻译过来的，俗称贴片电阻，是金属玻璃釉电阻器中的一种，见图 8-2。它是将金属粉和玻璃釉粉混合，采用丝网印刷法印在基板上制成的电阻器，耐潮湿和高温，温度系数小。贴片式电阻器可大大节约电路空间成本，使设计更精细化。

贴片状电阻器的阻值和一般电阻器一样，在电阻体上标明。它共有三种阻值标称法，但标称方法与一般电阻器不完全一样。

图 8-2 贴片电阻示意图

1）数字索位标称法（一般矩形片状电阻采用这种标称法）

数字索位标称法就是在电阻体上用三位数字来标明其阻值。

它的第一位和第二位为有效数字，第三位表示在有效数字后面所加"0"的个数，这一位不会出现字母。

例如："472"表示"4 700 Ω"；"151"表示"150"。

如果是小数，则用"R"表示"小数点"，并占用一位有效数字，其余两位是有效数字。

例如："2R4"表示"2.4Ω"；"R15"表示"0.15Ω"。

四位表示法：前三位表示有效数字，第 4 位表示倍率。

例如：2702=27 000Ω=27kΩ

2）色环标称法（一般圆柱形固定电阻器采用这种标称法）

贴片电阻与一般电阻一样，大多采用四环（有时三环）标明其阻值。第一环和第二环是有效数字，第三环是倍率（色环代码如表 8-1）。例如："棕绿黑"表示"15Ω"；"蓝灰橙银"表示"68 kΩ"，误差±10%。

3）E96 数字代码与字母混合标称法

数字代码与字母混合标称法也是采用三位标明电阻阻值，即"两位数字加一位字母"，其中两位数字表示的是 E96 系列电阻代码，具体见表 8-2。它的第三位是用字母代码表示的倍率（如表 8-3）。例如："51D"表示"$332×10^3$ 即 332 kΩ"；"249Y"表示"$249×10^{-2}$ 即 2.49 Ω"。

表 8-2 E96 系列电阻代码表

代码	阻值	代码	阻值	代码	阻值	代码	阻值	代码	阻值	代码	阻值
01	100	17	147	33	215	49	316	65	464	81	681
02	102	18	150	34	221	50	324	66	475	82	698
03	105	19	154	35	226	51	332	67	487	83	715
04	107	20	158	36	232	52	340	68	499	84	732
05	110	21	162	37	237	53	348	69	511	85	750
06	113	22	165	38	243	54	357	70	523	86	768
07	115	23	169	39	249	55	365	71	536	87	787
08	118	24	174	40	255	56	374	72	549	88	806
09	121	25	178	41	261	57	383	73	562	89	825
10	124	26	182	42	267	58	392	74	576	90	845
11	127	27	187	43	274	59	402	75	590	91	866
12	130	28	191	44	280	60	412	76	604	92	887
13	133	29	196	45	287	61	422	77	619	93	909
14	137	30	200	46	294	62	432	78	634	94	931
15	140	31	205	47	301	63	442	79	649	95	953
16	143	32	210	48	309	64	453	80	665	96	976

表 8-3　E96 系列电阻倍率表

代码	A	B	C	D	E	F	G	H	X	Y	Z
倍率	100	101	102	103	104	105	106	107	10-1	10-2	10-3

3. 电阻器的命名

电阻器的型号由四部分组成。第一部分：主称，用字母表示，表示产品的名字，如 R 表示电阻，W 表示电位器。第二部分：材料，用字母表示，表示电阻体用什么材料组成。第三部分：类型，一般用数字表示，个别类型用字母表示，表示产品属于什么类型。第四部分：序号，用数字表示，表示同类产品中的不同品种，以区分产品的外型尺寸和性能指标等，参见表 8-4。例如：RT11 型普通碳膜电阻器、RJ71 型精密金属膜电阻器、WSW1A 型微调有机实芯电位器。

表 8-4　电阻器型号命名

第一部分主称		第二部分材料		第三部分类型					第四部分序号
字母	含义	字母	含义	符号	产品类型	符号	产品类型		
R	电阻器	T	碳　　膜	1	普通型	D	多　圈		常用个位数或无数字表示
		H	合　成　膜	2	普通型	G	高功率		
		S	有机实芯	3	超高频	T	可　调		
		N	无机实芯	4	高　阻	W	微　调		
		J	金　属　膜	5	高　温				
W	电位器	Y	金属氧化膜	6					常用个位数或无数字表示
		C	化学沉积膜	7	精密型				
		I	玻璃釉膜	8	高压型				
		X	线　　绕	9	特殊型				

（二）电容器

作为电子设备中使用比较广泛的电子元件的两项，电容器和电解电容器广泛应用于电路中的隔直通交、耦合、旁路、滤波、调谐回路，发挥着举足轻重的作用，见图 8-3。电容器在电路中的字母符号为 C，单位为法（F），另外还有毫法（mF）、微法（μF）、纳法（nF）、皮法（pF），$1F=10^3mF=10^6μF=10^9nF=10^{12}pF$。电容器是电气设备中的一种重要的元件，在电子技术和电工技术中有很重要的应用。

图 8-3　常用电容器示意图

电容根据极性可分为有极性电容和无极性电容。我们常见到的电解电容就是有极性的，有正负极之分。电容器的识别方法与电阻的识别方法基本相同，分直标法、色标法和数标法3种。

（1）直标法：将电容的标称值用数字和单位在电容的本体上表示出来：如：220 MF 表示220 μF；.01 UF 表示 0.01 μF；R56 UF 表示 0.56 μF；6n8 表示 6 800 pF。

（2）不标单位的数码表示法：其中用一位到四位数表示有效数字，一般为 pF，而电解电容其容量则为 μF。如：3 表示 3 pF；2200 表示 2 200 pF；0.056 表示 0.056 μF。

（3）数字表示法：一般用三位数字表示容量的大小，前两位表示有效数字，第三位表示10 的倍幂。如 102 表示 $10 \times 10^2 = 1\,000$ pF；224 表示 $22 \times 10^4 = 0.2$ μF。

（4）色标法：用色环或色点表示电容器的主要参数。电容器的色标法与电阻相同。

电容器偏差标志符号：+100%-0——H、+100%-10%——R、+50%-10%——T、+30%-10%——Q、+50%-20%——S、+80%-20%——Z。

国产电容器的型号一般由 4 部分组成（不适用于压敏、可变、真空电容器），依次分别代表名称、材料、分类和序号。

第一部分：名称，用字母表示，电容器用 C。

第二部分：材料，用字母表示。

第三部分：分类，一般用数字表示，个别用字母表示。

第四部分：序号，用数字表示。

（三）电感器

电感器是能够把电能转化为磁能而存储起来的元件。电感器的结构类似于变压器，但只有一个绕组。电感器具有一定的电感，它只阻碍电流的变化。如果电感器在没有电流通过的状态下，电路接通时它将试图阻碍电流流过它；如果电感器在有电流通过的状态下，电路断开时它将试图维持电流不变。电感器又称扼流器、电抗器、动态电抗器。电感器种类繁多，形状各异，较常见的有：单层平绕空芯电感线圈、间绕空芯电感线圈、脱胎空芯线圈、多层空芯电感线圈、蜂房式电感线圈、带磁芯电感线圈、磁罐电感线圈、高频阻流圈、低频阻流圈、固定电感器等，如图8-4所示。

单层空芯电感线圈　　多层空芯电感线圈　　磁芯线圈　　　　磁罐线圈　　　　固定电感器

间绕空芯线圈　　脱胎空芯线圈　　低频阻流器　　高频阻流器　　蜂房式电感线圈

图 8-4　电感器示意图

电感在电路中常用 "L" 加数字表示，如：L6 表示编号为 6 的电感。电感在电路中可与电容组成振荡电路。电感器的主要参数是电感量和额定电流。电感量的基本单位是亨利，简称亨，用字母"H"表示。在实际应用中，一般常用毫亨（mH）或微亨（μH）作单位。它们之间的相互关系是：1 H=1 000 mh，1 mH=1 000 μH。电感量的标示方法有两种。一种是直标法，即将电感量直接用文字印在电感器上；另一种是色标法，即用色环表示电感量，其单位为 μH，第 1、2 环表示两位有效数字，第 3 环表示倍乘数，第 4 环表示允许偏差。各色环颜色的含义与色环电阻器相同。

电感器的实际工作电流必须小于额定电流，否则电感线圈将会严重发热甚至烧毁。

（四）二极管

半导体二极管是指利用半导体特性的两端电子器件。最常见的半导体二极管是 PN 结型二极管和金属半导体接触二极管。它们的共同特点是伏安特性的不对称性，即电流沿其一个方向呈现良好的导电性，而在相反方向呈现高阻特性。可用作为整流、检波、稳压、恒流、变容、开关、发光及光电转换等。半导体二极管在电路中常用"D"加数字表示，如：D5 表示编号为 5 的半导体二极管。

PN 结两端各引出一个电极并加上管壳，就形成了半导体二极管。PN 结的 P 型半导体一端引出的电极称为阳极，PN 结的 N 型半导体一端引出的电极称为阴极。半导体二极管按结构不同可分为点接触型、面接触型和平面型，如图 8-5 所示。

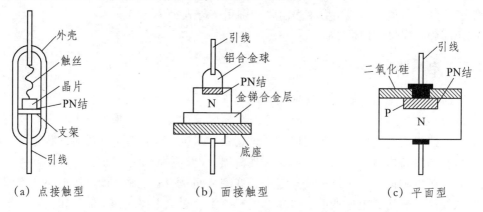

（a）点接触型   （b）面接触型   （c）平面型

图 8-5   半导体二极管结构示意图

（1）点接触型半导体二极管由一根金属丝与半导体表面相接触，经过特殊工艺，在接触点上形成 PN 结，做出引线，加上管壳封装而成。点接触型二极管的 PN 结面积小，高频性能好，适用于高频检波电路、开关电路。

（2）面接触型半导体二极管，它的 PN 结是用合金法工艺制作而成的。面接触型二极管的 PN 结面积大，可通过较大的电流，一般用于低频整流电路中。

（3）平面型半导体二极管，它的 PN 结是用扩散法工艺制作的。平面型二极管常用硅平面开关管，其 PN 结面积较大时，适用于大功率整流；其 PN 结面积较小时，适用于脉冲数字电路中作开关管使用。

（五）三极管

三极管是半导体基本元器件之一，具有电流放大作用，是电子电路的核心元件。三极管是在一块半导体基片上制作两个相距很近的 PN 结，两个 PN 结把整块半导体分成三部分，中间部分是基区，两侧部分是发射区和集电区，排列方式有 NPN 和 PNP 两种，如图 8-6 所示。这两种类型的三极管从工作特性上可互相弥补，所谓 OTL 电路中的对管就是由 PNP 型和 NPN 型配对使用的。三极管按材质可分为硅和锗管，我国目前生产的硅管多为 NPN 型，锗管多为 PNP 型。

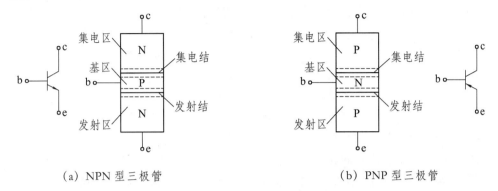

(a) NPN 型三极管　　　　　　　　　　(b) PNP 型三极管

图 8-6　三极管结构示意图及电路符号

以 PNP 型三极管为例，N 型半导体在中间，两块 P 型半导体在两侧，N 型半导体和 P 型半导体交错排列形成三个区，分别称为发射区、基区和集电区。从三个区引出的引脚分别称为发射极、基极和集电极，用符号 e、b、c 来表示。在 P 型和 N 型半导体的交界面形成两个 PN 结，在基极与集电极之间的 PN 结称为集电结，在基极与发射极之间的 PN 结称为发射结。

（六）变压器

变压器（图 8-7）几乎在所有的电子产品中都要用到，它原理简单，但根据不同的使用场合（不同的用途），变压器的绕制工艺会有所不同。变压器的功能主要有电压变换、阻抗变换、隔离、稳压（磁饱和变压器）等。

变压器常用的铁芯形状一般有 E 型和 C 型铁芯。绕在同一骨架或铁芯上的两个线圈就能构成一个变压器。在电子电器中，变压器是利用互耦线圈实现升压或降压功能的，如果对变压器一侧线圈（初级线圈）施加变化的电压（如交流电压），利用互感原理就会在另一侧线圈（次级线圈）中得到一个电压。如果对初级线圈施加较高的电压，在次级得到较低的电压，这种变压器叫作降压变压器。如果对初级线圈施加较低的电压，在次级得到较高的电压，这种变压器叫作升压变压器。

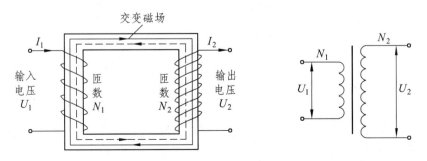

图 8-7　变压器结构示意图及电路符号

（七）晶振

晶振在电子设备中和智能控制系统中，应用是非常广泛的，见图 8-8。晶振的作用是为系统提供基本的时钟信号。通常一个系统共用一个晶振，便于各部分保持同步。有些通信系统的基频和射频使用不同的晶振，而通过电子调整频率的方法保持同步。每个单片机系统里都有晶振，全称叫晶体振荡器，它结合单片机内部的电路，产生单片机所必需的时钟频率，单片机的一切指令的执行都是建立在这个基础上的，晶振提供的时钟频率越高，单片机的运行速度也就越快。

在通常工作条件下，普通的晶振频率绝对精度可达百万分之五十。高级的精度更高。有些晶振还可以由外加电压在一定范围内调整频率，称为压控振荡器（VCO）。晶振的标识符号为 X 或 Y、Z，单位为赫兹（Hz）。晶振通常与锁相环电路配合使用，以提供系统所需的时钟频率。如果不同子系统需要不同频率的时钟信号，可以用与同一个晶振相连的不同锁相环来提供。微控制器的时钟源可以分为两类：基于机械谐振器件的时钟源，如晶振、陶瓷谐振槽路；RC（电阻、电容）振荡器。一种是皮尔斯振荡器配置，适用于晶振和陶瓷谐振槽路；另一种为简单的分立 RC 振荡器。

晶振的类型有 SMD 和 DIP 型，即贴片和插脚型。DIP 常用尺寸有 HC-49U/T、HC-49S、UM-1、UM-5，这些都是以 MHz 单位的。SMD 常用尺寸有 0705、0603、0503、0302，这里面又分 4 个焊点和 2 个焊点的，4 个焊点的材料要求进口，周期长。

图 8-8　晶振示意图

（八）集成电路

集成电路（图 8-9）是在一块单晶硅上，用光刻法制作出很多三极管、二极管、电阻和电容，并按照特定的要求把它们连接起来，构成一个完整的电路。由于集成电路具有体积小、质量小、可靠性高和性能稳定等优点，所以特别是大规模和超大规模的集成电路的出现，使电子设备在微型化、可靠性和灵活性方面向前推进了一大步。

集成电路按其功能、结构的不同，可以分为模拟集成电路、数字集成电路和数/模混合集成电路三大类。模拟集成电路又称线性电路，用来产生、放大和处理各种模拟信号（指幅度随时间变化的信号，例如半导体收音机的音频信号、录放机的磁带信号等），其输入信号和输出信号成比例关系。而数字集成电路用来产生、放大和处理各种数字信号（指在时间上和幅度上离散取值的信号，例如 3G 手机、数码相机、电脑 CPU、数字电视的逻辑控制和重放的音频信号和视频信号）。

 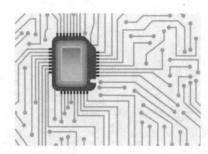

图 8-9　集成电路示意图

1. 集成电路的脚位判别

（1）对于 BGA 封装（用坐标表示）：在打点或是有颜色标示处逆时针开始数用英文字母表示——A、B、C、D、E……（其中 I、O 基本不用），顺时针用数字表示——1、2、3、4、5、6……其中字母为横坐标，数字为纵坐标，如：A1、A2。

（2）对于其他的封装：在打点、有凹槽或是有颜色标示处逆时针开始数为第一脚、第二脚、第三脚……

2. 集成电路常用的检测方法

集成电路常用的检测方法有在线测量法、非在线测量法和代换法。

（1）非在线测量：在集成电路未焊入电路时，通过测量其各引脚之间的直流电阻值与已知正常同型号集成电路各引脚之间的直流电阻值进行对比，以确定其是否正常。

（2）在线测量：利用电压测量法、电阻测量法及电流测量法等，通过在电路上测量集成电路的各引脚电压值、电阻值和电流值是否正常，来判断该集成电路是否损坏。

（3）代换法：用已知完好的同型号、同规格集成电路来代换被测集成电路，可以判断出该集成电路是否损坏。

三、实训内容及过程

实训项目 I：电子元器件的识别

从以下焊接好的电路板中任选取一块进行实际分析，要求识别出常见的电子元器件，并记录好其型号及规格。

1. AM/FM 收音机电路板（图 8-10）

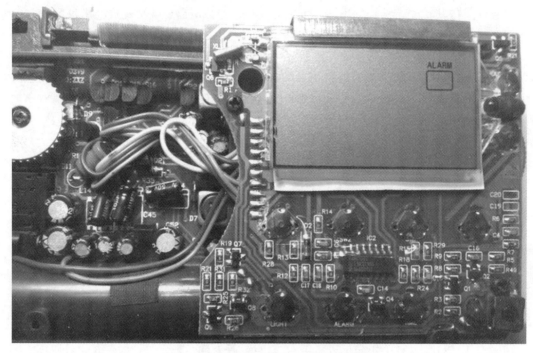

图 8-10　AM/FM 收音机电路板示意图

2. 万用表电路板（图 8-11）

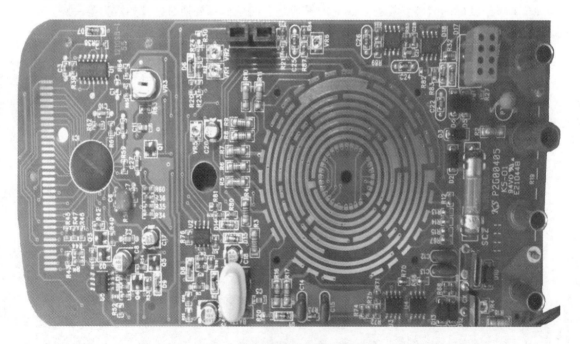

图 8-11　万用表电路板示意图

3. 空调遥控器电路板（图 8-12）

图 8-12 空调遥控器电路板

实训项目 II：万用表检查常用电子元器件

1. 电阻器的检测

1）在路测量

在测量前需要将电路板上的电源断开，接下来根据电阻器的标注读出电阻器的阻值。例如，贴片电阻器表面上的标注值为 330，它的阻值应为 33Ω。接着清洁电阻器两端的焊点，这样使测量出的电阻值更准确，根据电阻器的标称阻值，将数字万用表调到欧姆挡 200 量程，接着将万用表的红笔和黑笔分别搭在电阻器两端的焊点上，测量的阻值为 33.1Ω。接下来将红黑表笔互换位置，再次测量，测量的值为 33.2Ω，接着取两次测量中阻值较大的作为参考值，然后与电阻器的标称阻值进行比较，由于 33.2Ω 与 33Ω 比较接近，因此可以断定该贴片电阻器正常。

2）开路测量

在测量前需要先将贴片电阻从电路板中拆下，接着清洁电阻器的焊点，清洁完成后，开始准备测量，根据电阻器的标注，读出电阻器的阻值。例如，贴片电阻器表面上的标注值为 472，它的阻值应为 4.7 kΩ。打开数字万用表的电源开关，根据电阻器的标称阻值，将数字万用表调到欧姆挡 20 K 量程，接着将万用表的红黑表笔分别搭在电阻器两端的焊点处，测量的阻值为 4.63 kΩ，接着将测量的阻值与电阻器的标称阻值进行比较，由于 4.63 kΩ 与 4.7 kΩ 比较接近，因此可以断定该贴片电阻器正常。

2. 无极性电容器的检测

1）开路测量

（1）将电解电容器从电路中卸下，接着清洁电解电容器的引脚，去除引脚上的灰尘和氧化物。

（2）对电解电容器进行放电，将小阻值的电阻的两只引脚与电解电容器的两只引脚相连进行放电，也可以采用直接将电解电容器的两只引脚进行短接来放电。

（3）放电结束后，将指针万用表的功能旋扭旋至 R×100 挡，接着短接两只表笔，并进行调零，接下来，将红表笔接在电解电容器的负极引脚上，黑表笔接在电解电容器的正极引脚上，观察万用表的指针，发现在刚接触的瞬间，万用表的指针向右摆动了一个比较大的角度，接着表针又逐渐向左摆回，最后停在无穷大处，根据指针的摆动过程，可以判断该电解电容器有充放电过程，该电解电容器正常。

2）在路检测

通过检测电解电容器的工作电压来判断其是否正常，在路测量电解电容器时首先清洁电解电容器的引脚，接着打开数字万用表的电源开关，根据待测电解电容器在电路中的工作电压（比如 3.3 V），将数字万用表的旋扭旋至直流电压 20 挡，将电路接上电源，在通电状态下用万用表的两只表笔分别接电解电容器的两个引脚，测量的工作电压为 3.39V，由于测量的电压 3.39V 与 3.3V 比较接近，因此判断该电解电容器正常。

3. 电感器的检测

电感的质量检测包括外观和阻值测量。

1）外观检查

检查电感的外表有无完好，磁性有无缺损、裂缝，金属部分有无腐蚀氧化，标志有无完整清晰，接线有无断裂和拆伤等。

2）万用表检测

用万用表对电感做初步检测，测线圈的直流电阻，并与原已知的正常电阻值进行比较。如果检测值比正常值显著增大，或指针不动，可能是电感器本体断路。若比正常值小许多，可判断电感器本体严重短路，线圈的局部短路需用专用仪器进行检测。

封闭式电感器的检测采用开路测量法。在测量前，首先将封闭式电感器从电路板上取下，然后清洁电感器两端的引脚，去除引脚上的灰尘和氧化物，清洁完成后开始准备测量。接着打开数字万用表的电源开关，并将数字万用表的功能挡旋至二极管挡。接下来将万用表的两只表笔分别接在电感器的两只引脚上，测量的阻值为 0，由于测量的阻值接近于 0，因此可以判定此电感器没有断路故障。

4. 晶体管的检测

1）普通二极管的极性判别

（1）目视法判断半导体二极管的极性：在实物中，全新的二极管引脚正极要比负极长。

此外，二极管都会在负极有一个标志。如果看到一端有颜色标示的是负极，另外一端是正极。

（2）用万用表（指针表）判断半导体二极管的极性：通常选用万用表的欧姆挡（R×100或 R×1K），然后分别用万用表的两表笔分别接到二极管的两个极上，当二极管导通时，测得的阻值较小（一般为几十欧至几千欧之间），这时黑表笔接的是二极管的正极，红表笔接的是二极管的负极。当测的阻值很大（一般为几百至几千欧），这时黑表笔接的是二极管的负极，红表笔接的是二极管的正极。

测试注意事项：用数字式万用表去测二极管时，红表笔接二极管的正极，黑表笔接二极管的负极，此时测得的阻值才是二极管的正向导通阻值，这与指针式万用表的表笔接法刚好相反。

2）发光二极管的极性判别

（1）全新的发光二极管引脚正极比负极长。

（2）发光二极管有两块独立的金属区域，一个面积很大，为负极，一个面积较小，为正极。

（3）从内部结构来看，晶片是发光二极管的主要组成部分，制作在负极，用银胶固定，然后用金线和正极的支架连接。

3）晶体三极管

利用万用表按照下列步骤判断半导体三极管的极性和类型。

（1）先选量程：R×100 或 R×1K 挡位。

（2）判别半导体三极管基极：用万用表黑表笔固定三极管的某一个电极，红表笔分别接半导体三极管另外两个电极，若两次的测量阻值都大或是都小，则该脚所接就是基极，若两次测量阻值一大一小，则用黑笔重新固定半导体三极管一个引脚极继续测量，直到找到基极。这样最多测量 12 次，总可以找到基极。

（3）判别半导体三极管的类型：如果已知某个半导体三极管的基极，可以用红表笔接基极，黑表笔分别测量其另外两个电极引脚。如果测得的电阻值很大，则该三极管是 NPN 型半导体三极管；如果测量的电阻值都很小，则该三极管是 PNP 型半导体三极管。

（4）判别半导体三极管的 c 极和 e 极：确定基极后，对于 NPN 管，用万用表两表笔接三极管另外两极，交替测量两次，若两次测量的结果不相等，则其中测得阻值较小的一次黑笔接的是 e 极，红笔接的是 c 极。若是 PNP 型管则黑红表笔所接的电极相反。

5. 变压器的检测

1）外观检查

通过仔细观察变压器的外貌来检查其是否有明显异常的现象，如线圈引线是否断裂、脱焊，绝缘材料是否有烧焦痕迹，铁芯紧固螺杆是否有松动，硅钢片有无锈蚀，绕组线圈是否有外露等。

2）绝缘性能检测

用万用表 R×10K 挡分别测量铁芯与初级、初级与各次级，静电屏蔽层与初、次级，次级各绕组间的电阻值，万用表指针均应指在无穷大位置不动。否则，说明变压器绝缘性能不良。通常各绕组（包括静电屏蔽层）间，各绕组与铁芯间的绝缘电阻只要有一处低于 10 MΩ，就应确认变压器绝缘性能不良。如测得的绝缘电阻小于几千欧姆时，则表明已出现组间短路或铁芯与绕组间的短路故障了。

3）线圈通断检测

首先将指针万用表的功能挡旋至 R×1 挡，分别测量变压器初、次级各个绕阻线圈的电阻值。例如测得的初级线圈电阻值应为几十至几百欧，变压器功率越小（通常相对体积也小），则电阻值越大。次级线圈的电阻值一般为几至几十欧，电压较高的次级线圈的电阻值较大些。在测试中，如果某个绕组的电阻值为无穷大，则说明此绕组有断路性的故障。

4）初/次级线圈判别

电源变压器的初级引脚和次级引脚一般都是分别从两侧引出的，并且初级绕组都标有 220V 字样，次级绕组则标出额定电压值，如 15 V、18 V、36 V 等。可以根据这些标识进行区别，或者看线的颜色，红的和蓝的一般是初级。最好还是用万用表来区别初级和次级绕组。通常，电源变压器的初级绕组所用的漆包线的线径是比较细的，且匝数较多；而次级绕组所用线径都比较粗，且匝数较少。所以，用万用表电阻挡分别测量初级和次级的电阻：电阻大的是初级绕组，接交流电压；电阻小的是次级线圈，接后级负载。如果是升压变压器，则情况相反，初级绕组的线径比较粗，次级绕组的线径较细。

6. 晶振的检测

1）电阻检测法

将指针万用表的功能挡调至 R×10K 挡测量晶振的两脚之间的电阻值，这时测得的阻值应为无穷大。若实测电阻值不为无穷大甚至出现电阻为零的情况，则说明晶振内部存在漏电或短路性故障。

2）在路测压法

以车间的热量表的模块为例，首先将模块的电源接上 3.6 V 的电池，让其工作，暂时不用按下按键，用数字万用表将功能挡调直流电压挡 20 V，黑表笔接负端，红表笔分别接晶振的两只引脚，正常情况下，一只脚为 0 V，一只脚为 3.6 V（供电电压）左右。然后按一下模块上的按键，再用红表笔测晶振的两只引脚，正常情况下，两只引脚的电压均为 1.8 V（供电电压的一半）左右。若测得数值与正常值相差很大，则晶振工作不正常。

模块九　基本电子电路安装实训

一、实训目的

（1）熟悉基本电子电路安装流程。
（2）熟练掌握各种常用元器件的手工焊接。
（3）初步掌握一定的调整和测试电子电路的调试方法。

二、实训预备知识

（一）手工焊接工具及材料

任何电子产品，从几个零件构成的整流器到成千上万个零部件组成的计算机系统，都是由基本的电子元件器件和功能，按电路工作原理，用一定的工艺方法连接而成的。虽然连接方法有很多种（例如绕接、压接、粘接等），但使用最广泛的方法是锡焊。

1. 电烙铁

电烙铁是手工焊接的必备工具之一。电烙铁的种类虽然很多，但基本结构是一样的。以直热式电烙铁为例，其内部结构如图 9-1 所示。

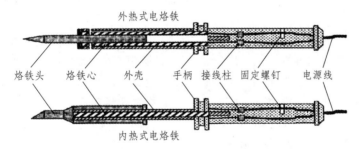

图 9-1　直热式电烙铁内部结构图

内热式电烙铁由烙铁头、烙铁芯、手柄、连接杆、弹簧夹等组成。由于烙铁芯安装在烙铁头里面，因而发热快，热利用率高，因此，称为内热式电烙铁。内热式电烙铁的常用规格为 20 W、50 W 等几种。由于它的热效率高，20 W 内热式电烙铁就相当于 40 W 左右的外热式电烙铁。内热式电烙铁的后端是空心的，用于套接在连接杆上，并且用弹簧夹固定，当需要更换烙铁头时，必须先将弹簧夹退出，同时用钳子夹住烙铁头的前端，慢慢地拔出，切记不能用力过猛，以免损坏连接杆。

外热式电烙铁由烙铁头、烙铁芯、外壳、木柄、电源引线、插头等部分组成。由于烙铁头安装在烙铁芯里面，故称为外热式电烙铁。烙铁芯是电烙铁的关键部件，是将电热丝平行地绕制在一根空心瓷管上构成的，中间的云母片绝缘，并引出两根导线与 220 V 交流电源连接。外热式电烙铁的规格很多，常用的有 25 W、45 W、75 W、100 W 等，功率越大烙铁头的温度也就越高。

合理地选用电烙铁的功率及种类，对提高焊接质量和效率有直接的关系。如果被焊件较大，使用的电烙铁功率较小，则焊接温度过低，焊料熔化较慢，焊剂不能挥发，焊点不光滑、不牢固，这样会造成焊接强度以及质量的不合格，甚至焊料不能熔化，使元器件的焊点过热，造成元器件的损坏，致使印刷电路板的铜箔脱落，焊料在焊接面上流动过快，并无法控制。选用电烙铁时，可以从以下几个方面进行考虑。

① 焊接集成电路、晶体管及受热易损元件时，应选用 20 W 内热式或 25 W 的外热式电烙铁。

② 焊接导线及同轴电缆时，应选用 45~75 W 外热式电烙铁，或 50 W 内热式电烙铁。

③ 焊接较大的元器件时，如行输出变压器的引线脚、大电解电容器的引线脚、金属底盘接地焊片等，应选用 100 W 以上的电烙铁。

2. 烙铁架

目前，在实际操作电烙铁进行作业时，均会使用电烙铁架作为辅助工具，以提高作业效率并防止高温的电烙头烫伤操作者。焊接过程中，烙铁不能到处乱放。不焊时，应放在烙铁架上。常见的两种烙铁架如图 9-2 所示。

（a）

（b）

图 9-2　烙铁架

烙铁架作为烙铁使用过程中最常用的工具，在选用时需要避免以下三种情形：

① 烙铁与烙铁架接触：如果烙铁与烙铁架不相配，烙铁的钢管会碰到烙铁架的螺旋部分，螺旋部分就会受热，此时如果烙铁手柄前端接触到烙铁架螺旋部分就会受热熔化。

② 烙铁架倾斜度过于垂直：由于热空气上升，如果烙铁架斜度过于垂直，由烙铁所散发的热空气往上升，使手柄不断受热熔化。

③ 烙铁架散热不足：对于散热部分很少的某些烙铁架，如果烙铁把烙铁架出口封住，烙铁所散发的热空气积存在烙铁架内，热空气温度不断上升使手柄前端熔化。

3. 吸锡器

吸锡器是用于拆焊的工具，用来收集拆卸焊盘电子元件时融化的焊锡，见图 9-3。维修拆卸零件时，尤其是大规模集成电路，更为难拆，拆不好容易破坏印制电路板，造成不必要的损失。

常见的吸锡器主要有吸锡球、手动吸锡器、电热吸锡器、防静电吸锡器、电动吸锡枪等。大部分吸锡器为活塞式。按照吸筒壁材料，吸锡器可分为塑料吸锡器和铝合金吸锡器。塑料吸锡器轻巧，做工一般，价格便宜，长型塑料吸锡器吸力较强；铝合金吸锡器外观漂亮，吸筒密闭性好,一般可以单手操作,更加方便。

图 9-3 常见吸锡器的结构示意图

4. 焊锡丝

焊锡是焊接的主要用料。焊接电子元器件的焊锡实际上是一种锡铅合金,不同的锡铅比例焊锡的熔点温度不同,一般为 180 ~ 230 ℃。在焊接过程中,由于金属在加热的情况下会产生一薄层氧化膜,这将阻碍焊锡的浸润,影响焊接点合金的形成,容易出现虚焊、假焊现象。使用助焊剂可改善焊接性能。元器件引脚镀锡时应选用松香作助焊剂。印制电路板上已涂有松香溶液的,元器件焊入时不必再用助焊剂。

手工焊接中最合适使用的是管状焊锡丝,焊锡丝中间夹有优质松香与活化剂,使用起来非常方便。管状焊锡丝有 0.5、0.8、1.0、1.5 等多种规格,可以方便地选用。

(二)手工焊接操作要领

1. 电烙铁的使用方法

掌握正确的手握烙铁操作姿势,可以保证操作者的身心健康,减轻劳动伤害。为减少焊剂加热时挥发出的化学物质对人的危害,减少有害气体的吸入量,一般情况下,烙铁到鼻子的距离应该不少于 20 cm,通常以 30 cm 为宜。电烙铁有三种握法,如图 9-4 所示。

(a) 握笔法　　　(b) 正握法　　　(c) 反握法

图 9-4 电烙铁的握法

一般在操作台上焊接印制板等焊件时,多采用握笔法;正握法适于中功率烙铁或带弯头电烙铁的操作;反握法的动作稳定,长时间操作不易疲劳,适于大功率烙铁的操作。

2. 焊锡丝的拿法

焊锡丝一般有两种拿法,如图 9-5 所示。由于焊锡丝中含有一定比例的铅,而铅是对人体有害的一种重金属,因此操作时应该戴手套或在操作后洗手,避免食入铅尘。

(a) 连续焊接时　　　(b) 断续焊接时

图 9-5 焊锡丝的拿法

3. 手工焊接操作的基本步骤

掌握好电烙铁的温度和焊接时间，选择恰当的烙铁头和焊点的接触位置，才可能得到良好的焊点。正确的手工焊接操作过程可以分成以下五个步骤，如图9-6所示。

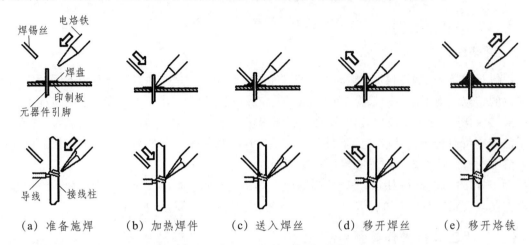

（a）准备施焊　　（b）加热焊件　　（c）送入焊丝　　（d）移开焊丝　　（e）移开烙铁

图9-6　手工焊接的基本步骤

（1）准备施焊。左手拿焊丝，右手握烙铁，进入备焊状态。要求烙铁头保持干净，无焊渣等氧化物，并在表面镀有一层焊锡。

（2）加热焊件。烙铁头靠在两焊件的连接处，加热整个焊件全体，时间为1~2 s。对于在印制板上焊接元器件来说，要注意使烙铁头同时接触两个被焊接物。例如，图9-6（b）中的导线与接线柱、元器件引线与焊盘要同时均匀受热。对于热容量相差较多的两个部分焊件，加热应偏向需热较多的部分。此外，要根据焊件的形状选用不同的烙铁头，让烙铁头与焊件形成面的接触而不是点或线的接触。

（3）送入焊丝。焊件的焊接面被加热到一定温度时，焊锡丝从烙铁对面接触焊件，不要把焊锡丝送到烙铁头上。

（4）移开焊丝。当焊丝熔化一定量后，立即向左上45°方向移开焊丝。

（5）移开烙铁。焊锡浸润焊盘和焊件的施焊部位以后，向右上45°方向移开烙铁，结束焊接。烙铁的撤离要及时，而且撤离时的角度的方向与焊点有关。从送入焊丝开始到移开烙铁结束，时间也是1~2 s。

4. 焊接注意事项

1）电烙铁的使用注意事项

① 新烙铁在使用前的处理。一把新烙铁不能拿来就用，必须先对烙铁头进行处理后才能正常使用，通常要在使用前先给烙铁头镀上一层焊锡。首先用锉把烙铁头按需要锉成一定的形状，然后接上电源，当烙铁头温度升至能熔锡时，将松香涂在烙铁头上，等松香冒烟后再涂上一层焊锡，如此进行2~3次，使烙铁头的刃面及其周围要产生一层氧化层，这样便产生"吃锡"困难的现象，此时可锉去氧化层，重新镀上焊锡。

② 保持烙铁头的清洁。焊接时，由于烙铁头长期处于高温状态，又接触焊剂等弱酸性物质，其表面很容易氧化并沾上一层黑色杂质。这些杂质形成隔热层，妨碍了烙铁头与焊件之

间的热传导。因此，要注意随时在烙铁架上蹭去杂质。用一块湿布或湿海绵随时擦拭烙铁头，也是常用的方法之一。海绵需保持有一定量水分，至使海绵一整天湿润。对于普通烙铁头，在污染严重时可以使用锉刀锉去氧化层。

③烙铁头长度的调整。焊接集成电路与晶体管时，烙铁头的温度就不能太高，且时间不能过长，此时便可将烙铁头插在烙铁芯上的长度进行适当的调整，进而控制烙铁头的温度。

④烙铁芯更换。烙铁芯更换时要注意引线不要接错，因为电烙铁有三个接线柱，其中一个是接地的，另外两个是接烙铁芯两根引线的（这两个接线柱通过电源线，直接与 220 V 交流电源相接）。如果将 220 V 交流电源线错接到接地线的接线柱上，则电烙铁外壳就要带电，被焊件也要带电，这样就会发生触电事故。

2）焊锡用量要适中

要学会根据焊点的大小选用合适规格的焊锡丝。一般地，应使焊锡丝的直径略小于焊盘的直径。如图 9-7 所示，过量的焊锡不但浪费材料，还增加焊接时间，降低工作速度。更为严重的是，过量的焊锡很容易造成不易察觉的短路故障。焊锡过少也不能形成牢固的结合，同样是不利的。特别是焊接印制板引出导线时，焊锡用量不足，极容易造成导线脱落。

（a）锡量过多　　　　　　　（b）锡量过少　　　　　　　（c）锡量适中

图 9-7　焊点锡量的掌握

3）焊剂量要适中

适量的助焊剂对焊接是非常有用的。过量使用松香焊剂不仅造成焊点周围需要擦除的工作量，并且延长了加热时间，降低工作效率，而当加热时间不足时，容易夹杂到焊锡中形成"夹渣"缺陷。焊接开关、接插件的时候，过量的焊剂容易流到触点处，从而造成接触不良。合适的焊剂量，应该是松香水仅能浸湿将要形成的焊点，不会透过印制板流到元件面或插孔里（如 IC 插座）。对使用松香芯焊丝的焊接来说，基本上不需要再涂松香水。目前，印制板生产厂的电路板在出厂前大多进行过松香浸润处理，无须再加助焊剂。

4）不要用烙铁头作为运载焊料的工具

烙铁头的温度一般都在 300 ℃ 左右，焊锡丝中的焊剂在高温时容易分解失效。在调试、维修工作中，不得已用烙铁时，动作要迅速敏捷，防止氧化造成劣质焊点。

（三）手工拆焊

在调试、维修或焊接错误等，都需要对元器件进行更换。在更换元器件时就需要拆焊。由于拆焊的方法不当，往往造成元器件的损坏、印制导线的断裂，甚至焊盘的脱落。尤其是更换集成电路块时，就更加困难。

1. 用吸锡器进行拆焊

先将吸锡器里面的气压出并卡住，再将被拆的焊点加热，使焊料熔化，然后把吸锡器的吸嘴对准熔化的焊料，然后按一下吸锡器上的小凸点，焊料就被吸进吸锡器内。

2. 用吸锡电烙铁（电热吸锡器）拆焊

吸锡电烙铁也是一种专用拆焊烙铁，它能在对焊点加热的同时，把锡吸入内腔，从而完成拆焊。拆焊是一件细致的工作，不能马虎从事，否则将造成元器件的损坏和印制导线的断裂及焊盘的脱落等不应有的损失。

3. 用吸锡带（铜编织线）进行拆焊

将吸锡带前端吃上松香，放在将要拆焊的焊点上，再把电烙铁放在吸锡带上加热焊点，待焊锡熔化后，就被吸锡带吸去，如焊点上的焊料一次没有被吸完，可重复操作，直到吸完。将吸锡带吸满焊料的部分剪去。

（四）印制电路的装接技术

电子产品的组装是将各种电子元器件、机电元件及结构件，按照设计要求，装接在规定的位置上，组成具有一定功能的完整的电子产品的过程。

电子产品小到一个电子门铃、袖珍收音机，大到一台电视机或者一整套网络通信系统，从生产制造的角度来说，整个生产过程可以分为元器件准备及筛选、元器件的加工、元器件的插装、电路板的焊接、单元模块的检验及补修、总装及布线、调试等工序。

1. 元器件安装方法

电子元器件种类繁多，外形不同，引出线也多种多样，所以，印制电路板的安装方法也就有差异，必须根据产品结构的特点、装配密度、产品的使用方法和要求来决定。元器件安装方法主要有以下几种。

1）贴板安装

元器件与印制板安装间隙小于 1 mm，当元器件为金属外壳面安装面又有印制导线时，应加绝缘衬垫或绝缘管套，如图 9-8 所示。

图 9-8　贴板安装示意图

2）悬空安装

元器件与印制安装距离一般为 3 ~ 5 mm，如图 9-9 所示。该形式一般适用于发热元器件的安装。

图 9-9　悬空安装示意图

3）垂直安装

元器件轴线相对于印制板平面的夹角为 90°±10°，见图 9-10 所示。该形式一般适用于安装密度高的印制板，但不适用于较重的细引线的元器件。

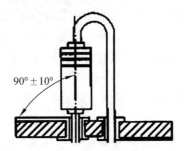

图 9-10　垂直安装示意图

4）反向埋头安装

反向埋头安装形式如图 9-11 所示。

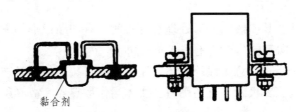

图 9-11　反向埋头安装示意图

5）黏结和绑扎安装

对防震要求较高的元器件，贴板安装后，可用黏合剂将元器件与印制板黏结在一起，也可以用扎线扣等绑扎在印制板上，如图 9-12 所示。

图 9-12　黏结和绑扎安装示意图

6）支架固定安装

这种方式适用于质量较大的元件，如变压器、阻流圈等，一般用金属支架在印制基板上将元件固定在印制板上，如图 9-13 所示。

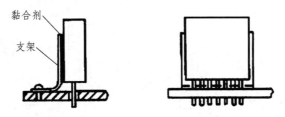

图 9-13　支架固定安装示意图

2. 元器件安装的技术要求

（1）元器件的标志方向应按照图纸规定的要求，安装后能看清元件上的标志。若装配图上没有指明方向，则应使标记向外易于辨认，并按从左到右、从下到上的顺序读出。

（2）元器件的极性不得装错，安装前应套上相应的套管。

（3）安装高度应符合规定要求，同一规格的元器件应尽量安装在同一高度上。

（4）安装顺序一般为先低后高、先轻后重、先易后难、先一般元件后特殊元器件。

（5）元器件在印制电路板上的分布应尽量均匀、疏密一致，排列整齐美观。不允许斜排、立体交叉和重叠排列。

（6）元器件外壳和引线不得相碰，要保证 1 mm 左右的安全间隙，无法避免时，应套绝缘套管。

（7）元器件的引线直径与印制电路板焊盘孔径应有 0.2~0.4 mm 的合理间隙。

（8）MOS 集成电路的安装应在等电位工作台上进行，以免产品静电损坏器件，发热元件不允许贴板安装，较大的元器件的安装应采取绑扎、黏固等措施。

3. 元器件安装注意事项

（1）元器件插好后，其引线的外形处理有弯头的，有切断成形等方法，要根据要求处理好，所有弯脚的弯折方向都应与铜箔走线方向相同。

（2）安装二极管时，除注意极性外，还要注意外壳封装，特别是玻璃壳体易碎，引线弯曲时易爆裂；对于大电流二极管，有的则将引线体当作散热器：故必须根据二极管规格的要求决定引线的长度。

（3）为了区别晶体管的电极和电解电容的正负端，一般是在安装时，加带有颜色的套管区别。

（4）大功率三极管一般不宜装在印制板上。因为它发热量大，易使印制板受热变形。

三、实训内容及过程

实训项目 I：收音机的安装与调试

（1）根据图 9-14 所示原理图以及表 9-1 所列元件清单，核对并配齐所有电器元件，并进行检验。

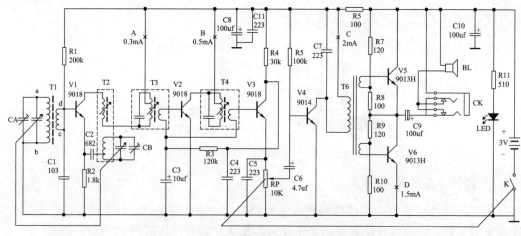

图 9-14　全硅六管超外差式收音机电路原理图

表 9-1　收音机元件清单

元件	型号	数量	位号	元件	型号	数量	位号
三极管	9013	2 只	V5、V6	瓷片电容	682	1 只	C2
三极管	9014	1 只	V4	瓷片电容	103	1 只	C1
三极管	9018	3 只	V1、V2、V3	瓷片电容	223	4 只	C4、C5、C7、C11
发光二极管	ϕ3 mm（红）	1 只	LED	电解电容	4.7 μF	1 只	C6
振荡线圈	TF10（红）	1 只	T2	电解电容	10 μF	1 只	C3
中频变压器	TF10（白）	1 只	T3	电解电容	100 μF	3 只	C8、C9、C10
中频变压器	TF10（绿）	1 只	T4	耳机插座	ϕ3.5	1 只	CK
输入变压器	绿色	1 只	T5	双联电容	CBM-223PF	1 只	CBM
磁棒及线圈	4×8×80 mm	1 套	T1	机壳		1 套	
磁棒支架		1 只		刻度面板		1 块	
扬声器	0.5 W　8 Ω	1 只	BL	调谐拨盘		1 只	
电位器	10 kΩ	1 只	RP	电位器拨盘		1 只	
电阻	100 Ω	3 只	R6、R8、R10	印刷电路板		1 块	
电阻	120 Ω	2 只	R7、R9	电池极片		1 套	
电阻	510 Ω	1 只	R11	导线	红色	1 根	
电阻	1.8 kΩ	1 只	R2	导线	黑色	1 根	
电阻	30 kΩ	1 只	R4	导线	黄色	2 根	
电阻	100 kΩ	1 只	R5	螺丝	PM2.5×4	3 个	
电阻	120 kΩ	1 只	R3	螺丝	PM1.7×4	1 个	
电阻	200 kΩ	1 只	R1	螺丝	PA2×6	1 个	

（2）按图 9-15 所示，在 PCB 板上按元件位置安装电器元件并进行焊接，工艺要求如下：

① 安装时请先装低矮和耐热的元件（如电阻），然后再装大一点的元件［如中额变压器（以下简称中周）、变压器］，最后装怕热的元件（如三极管）。

② 电阻的安装：请将电阻的阻值（参照本说明书的电阻值识别示意图）选择好后可采用卧式紧贴电路板安装。

③ 磁棒线圈的 4 个引线头应对应地焊在线路板的铜箔面。

④ 发光管焊接在印制板焊接面（铜箔面）上。注意其安装高度应刚好达到机壳上盖发光二极管安装孔的表面。

⑤ 中周及中波振荡线圈（简称中振）三只一套，T2 表示振荡线圈型号为 LF10-1（红色），T3 表示第一级中放中周型号为 TF10-1（白色），T4 表示第二级中放中周型号为 TF10-2（黑色或绿色）。

⑥ T5 为输入变压器，线圈骨架上有凸点标记的为初级，印制板上也有圆孔作为标记，其线圈绕组在印制板上可以很明显地看出，安装时不要装反。

⑦ 喇叭安装落位后，再用电烙铁（垫上云母片）将周围的两个塑料桩子按喇叭边缘方向烫压，使喇叭固定好。

⑧ 在安装电路板时注意把喇叭及电池引线埋在比较隐蔽的地方。

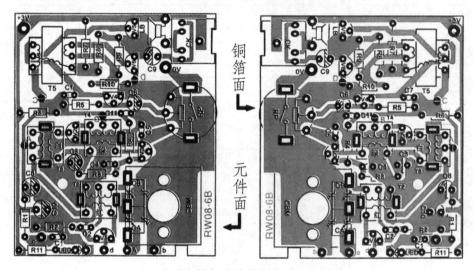

图 9-15　全硅六管超外差式收音机 PCB 装配图

（3）焊接质量的检查。

① 目视检查。

从以下几个方面从外观上检查焊接质量是否合格。

a. 是否有漏焊，漏焊是指应该焊接的焊点没有焊上；

b. 焊点的光泽好不好；

c. 焊点的焊料足不足；

d. 焊点的周围是否有残留的焊剂；

e. 有没有连焊，焊盘是否有滑动脱落；

f. 焊点有没有裂纹；

g. 焊点是不是凹凸不平，焊点是否有拉尖现象。

图 9-16 所示为正确的焊点形状。图中（a）为直插式焊点形状，（b）为半打弯式的焊点形状。

（a）　　　　　　　　　　　（b）

图 9-16　焊点剖面图

② 手触检查。

触摸元器件，检查是否存在松动、焊接不牢的现象。用镊子夹住元器件引线，轻轻拉动时，有无松动现象。焊点在摇动时，上面的焊锡是否有脱落现象。

③ 通电检查及调试。

在外观检查结束以后诊断连线无误，才可进行通电检查，这是检验电路性能的关键。如果不经过严格的外观检查，通电检查不仅困难较多，而且有可能损坏设备仪器，造成安全事故。例如电源连线虚焊，那么通电时就会发现设备加不上电，当然无法检查。

通电检查可以发现许多微小的缺陷，例如用目测观察不到的电路桥接，但对于内部虚焊的隐患就不容易觉察。所以根本的问题还是要提高焊接操作的技艺水平，不能把问题留给检验工作去完成。

测量电流，将电位器开关打开（音量旋至最小即测量静态电流），用万用表分别依次测量D、C、B、A 4 个电流缺口，若被测量的数在规定（请参考电路原理图）的参考值左右即可用焊锡将这 4 个缺口依次连通，再把音量开到最大，调双连拨盘即可收到电台。当测量不在规定电流值左右时请仔细检查偏置电阻及三极管极性有无装错，中周是否混装以及虚、假、错焊等问题。若测量哪一级电流不正常则说明那一级有问题。

※调试注意事项：

①调试时请注意连接集电极回路 A、B、C、D 点（测集电极电流用）。

②中放增益低时，可改变 R_4 的阻值。

实训项目 Ⅱ：小音箱的安装与调试

（1）根据图 9-17 所示原理图以及表 9-2 所列元件清单，核对并配齐所有电器元件，并进行检验。

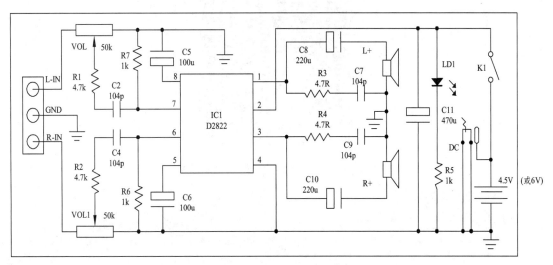

图 9-17　HX-2822 小音箱电路原理图

表 9-2　HX-2822 小音箱元件清单

元件	型号	数量	位号	元件	型号	数量	位号
印刷电路板		1 块		瓷介电容	104 pF	4 只	C2、C4、C7、C9
集成电路	D2822	1 块	IC1	电解电容	100 μF	2 只	C5、C6
发光二极管	φ3（红）	1 只	LD1	电解电容	200 μF	2 只	C8、C10
电位器	B50 K	1 只	VR1	电解电容	470 μF/16V	1 只	C11
DC 插座		1 只	DC	电池极片		1 套	
立体声插头		1 根	LI、RI、T	动作片		1 套	
喇叭		2 只		导线	1.0×90 mm	2 根	
开关		1 只	K1	导线	1.0×60 mm	2 根	
电阻	4.7 Ω	2 只	R3、R4	螺丝	PA 2×6	10 个	
电阻	4.7 kΩ	2 只	R1、R2	螺丝	PA 2×8	8 个	
电阻	1 kΩ	3 只	R5、R6、R7				

（2）按图 9-18 所示，在 PCB 板上按元件位置安装电器元件并进行焊接。

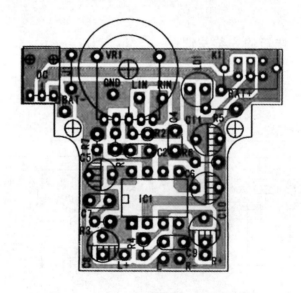

图 9-18　HX-2822 小音箱 PCB 装配图

（3）焊接质量检查。

（4）调试。

模块十　常用低压电器的识别与检测

一、实训目的

（1）熟悉不同规格和种类的常用低压电器。

（2）了解各种低压电器的基本功能。

（3）掌握检查常用低压电器的基本方法。

二、实训预备知识

（一）低压电器基本知识

我国现行标准将工作在交、直流电压 1 200 V 以下的电气线路中的电气设备称为低压电器。低压电器在电路中的用途是根据外界信号或要求，自动或手动接通、分断电路，连续或断续地改变电路状态，对电路进行切换、控制、保护、检测和调节。

低压电器的种类繁多，按其结构用途及所控制的对象不同，可以有不同的分类方式。按用途和控制对象不同，可将低压电器分为配电电器和控制电器；按操作方式不同，可将低压电器分为自动电器和手动电器。

为保证电气设备安全可靠地工作，国家对低压电器的设计、制造规定了严格的标准，合格的电器产品具有国家标准规定的技术要求。我们在使用电器元器件时，必须按照产品说明书中规定的技术条件选用。低压电器的主要技术指标有以下几项：

①绝缘强度，指电器元件的触头处于分断状态时，动静头之间耐受的电压值（无击穿或闪络现象）。

②耐潮湿性能，指保证电器可靠工作的允许环境潮湿条件。

③极限允许温升。电器的导电部件，通过电流时将引起发热和温升，极限允许温升指为防止过度氧化或烧熔而规定的最高温升值。

④操作频率，指电器元件在单位时间（1 h）内允许操作的最高次数。

⑤寿命。电器的寿命包括电寿命和机械寿命两项指标。电寿命是指电器元件的触头在规定的电路条件下，正常操作额定负荷电流的总次数。机械寿命是指电器元件在规定使用条件下，正常操作的总次数。

低压电器产品的种类多、数量大，用途极为广泛。在购置和选用低压电器元件时，也要特别注意检查其结构是否符合标准，防止给今后的运行和维修工作留下隐患和麻烦。

（二）常用低压电器简介

1. 低压断路器

低压断路器又称自动空气开关或自动空气断路器，简称断路器。在控制线路中用作电路的短路、过载和失压保护。低压断路器广泛应用于低压配电系统各级馈出线，各种机械设备的电源控制和用电终端的控制和保护。当它们发生严重过载、短路、欠压等故障时，能自动切断电路。因此，低压断路器是低压电网中的一种重要的保护电器。

低压断路器结构紧凑，体积小，工作安全可靠，切断电流的能力大，且开关时间短，实物图如图 10-1（a）所示。从组成结构来看，低压断路器由触点系统、脱扣机构、灭弧装置和操作机构构成，如图 10-1（b）所示。触点起到电路的通断作用。脱口机构有多种形式，如过流脱扣器、热过载脱扣器、欠压脱扣器、分励脱扣器等。和接触器灭弧装置的作用类似，低压断路器的灭弧装置也是为防止触点接通或断开时，所产生的电弧造成触点间短路所设计的。操作机构分手柄操作、杠杆操作、电磁铁操作和电动机操作几种。

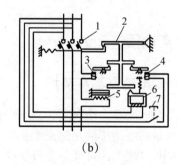

(a)   (b)

图 10-1 低压断路器实物及内部结构原理图

1—主触头；2—自由脱扣器；3—过电流脱扣器；4—分励脱扣器；

5—热脱扣器；6—失压脱扣器；7—按钮

低压断路器的主触点是靠手动操作或电动合闸的。主触点闭合后，自由脱扣机构将主触点锁在合闸位置上。过电流脱扣器的线圈和热脱扣器的热元件与主电路串联，欠电压脱扣器的线圈和电源并联。当电路发生短路或严重过载时，过电流脱扣器的衔铁吸合，使自由脱扣机构动作，主触点断开主电路。当电路过载时，热脱扣器的热元件发热使双金属片上弯曲，推动自由脱扣机构动作。当电路欠电压时，欠电压脱扣器的衔铁释放，使自由脱扣机构动作。分励脱扣器则作为远距离控制用，在正常工作时，其线圈是断电的，在需要远距离控制时，按下停止按钮，使线圈通电，衔铁带动自由脱扣机构动作，使主触点断开。

目前市场上还设计有微型断路器，以满足小电流用户的使用需要。微型断路器在极数上分单极、双极、三极和四极等，在使用场合上分照明、动力两种，在漏电保护上分普通型和漏电保护型。

2. 低压刀开关

刀开关是手动电器中结构最简单的一种，主要用作隔离电源，也可用来非频繁地接通和分断容量较小的低压配电线路，见图 10-2。接线时应将电源线接在上端，负载接在下端，这样拉闸后刀片与电源隔离，可防止意外事故发生。

刀开关的主要类型有大电流刀开关、负荷开关、熔断器式刀开关。常用的产品有 HD11 ~ HD14 和 HS11 ~ HS13 系列刀开关。

（a）HD 系列　　　　　　　　　　（b）HS 系列

图 10-2　常用刀开关实物及内部结构图

3. 熔断器

熔断器是一种简单而有效的保护电器，在电路中主要起短路保护作用。熔断器主要由熔体和安装熔体的绝缘管（绝缘座）组成。使用时，熔体串接于被保护的电路中，当电路发生短路故障时，熔体被瞬时熔断而分断电路，起到保护作用。

常用的熔断器有插入式熔断器、螺旋式熔断器、封闭式熔断器、快速熔断器等。

（1）插入式熔断器如图 10-3（a）所示，常用于 380 V 及以下电压等级的线路末端，作为配电支线或电气设备的短路保护用。

（2）螺旋式熔断器如图 10-3（b）所示。熔体上的上端盖有一熔断指示器，一旦熔体熔断，指示器马上弹出，可透过瓷帽上的玻璃孔观察到，它常用于机床电气控制设备中。螺旋式熔断器分断电流较大，可用于电压等级 500 V 及其以下、电流等级 200 A 以下的电路中，作为短路保护。

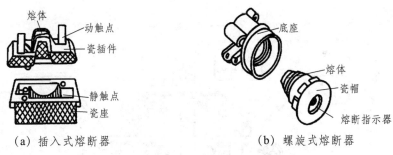

（a）插入式熔断器　　　　　　　　（b）螺旋式熔断器

图 10-3　常用熔断器示意图

（3）封闭式熔断器分有填料熔断器和无填料熔断器两种。有填料熔断器一般用方形瓷管，内装石英砂及熔体，分断能力强，用于电压等级 500 V 以下、电流等级 1 kA 以下的电路中。无填料密闭式熔断器将熔体装入密闭式圆筒中，分断能力稍小，用于 500 V 以下、600 A 以下电力网或配电设备中。

（4）快速熔断器主要用于半导体整流元件或整流装置的短路保护。由于半导体元件的过载能力很低，只能在极短时间内承受较大的过载电流，因此要求短路保护具有快速熔断的能力。快速熔断器的结构和有填料封闭式熔断器基本相同，但熔体材料和形状不同，它是以银片冲制的有 V 形深槽的变截面熔体。

4. 接触器

接触器是一种用来自动接通或断开大电流电路的电器，文字符号为 KM。它可以频繁地接通或分断交直流电路，并可实现远距离控制。其主要控制对象是电动机，也可用于电热设备、电焊机、电容器组等其他负载。它还具有低电压释放保护功能。接触器具有控制容量大、过载能力强、寿命长、设备简单经济等特点，是电力拖动中使用最广泛的电器元件。

按主触点连接回路的形式，接触器可分为交流接触器和直流接触器。按操作机构，接触器又可分为电磁式接触器和永磁式接触器。

1）交流接触器

交流接触器主要由电磁机构、触点系统、灭弧装置及其他部件组成。

① 电磁机构。电磁机构由线圈、动铁芯（衔铁）和静铁芯组成，其作用是将电磁能转换成机械能，产生电磁吸力带动触点动作。

② 触点系统。触点系统包括主触点和辅助触点。主触点用于通断主电路，通常为三对常开触点。辅助触点用于控制电路，起电气联锁作用，故又称联锁触点，一般有常开、常闭各两对。

③ 灭弧装置。容量在10 A以上的接触器都有灭弧装置，对于小容量的接触器，常采用双断口触点灭弧、电动力灭弧、相间弧板隔弧及陶土灭弧罩灭弧。对于大容量的接触器，采用纵缝灭弧罩及栅片灭弧。

④ 其他部件，主要包括反作用弹簧、缓冲弹簧、触点压力弹簧、传动机构及外壳等。

以电磁式接触器为例，如图10-4所示，在线圈通电后，在铁心中产生磁通及电磁吸力。此电磁吸力克服弹簧反力使得衔铁吸合，带动触点机构动作，常闭触点打开，常开触点闭合。线圈失电或线圈两端电压显著降低时，电磁吸力小于弹簧反力，使得衔铁释放，触点机构复位。

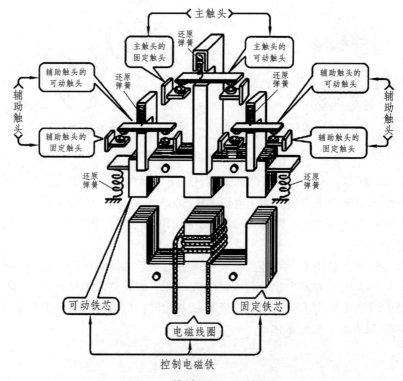

图 10-4　接触器的原理结构图

交流接触器线圈的工作电压，应为其额定电压的 85%~105%，这样才能保证接触器可靠吸合。如电压过高，交流接触器磁路趋于饱和，线圈电流将显著增大，有烧毁线圈的危险。反之，电压过低，电磁吸力不足，动铁芯吸合不上，线圈电流达到额定电流的十几倍，线圈可能过热烧毁。

2）直流接触器

直流接触器的结构和工作原理基本上与交流接触器相同。在结构上也是由电磁机构、触点系统和灭弧装置等部分组成。由于直流电弧比交流电弧难以熄灭，直流接触器常采用磁吹式灭弧装置灭弧。

5. 继电器

继电器是根据某种输入信号的变化，接通或断开控制电路，实现自动控制和保护电力装置的自动电器。

继电器的种类很多，按输入信号的性质分为电压继电器、电流继电器、时间继电器、温度继电器、速度继电器、压力继电器等，按工作原理可分为电磁式继电器、感应式继电器、电动式继电器、热继电器和电子式继电器等，按输出形式可分为有触点和无触点两类，按用途可分为控制用和保护用继电器等。

继电器一般都有能反映一定输入变量（如电流、电压、功率、阻抗、频率、温度、压力、速度、光等）的感应机构（输入部分），有能对被控电路实现"通""断"控制的执行机构（输出部分），在继电器的输入部分和输出部分之间，还有对输入量进行耦合隔离、功能处理和对输出部分进行驱动的中间机构（驱动部分）。

1）电压继电器

电压继电器用于电力拖动系统的电压保护和控制。其线圈并联接入主电路，感测主电路的线路电压；触点接于控制电路，为执行元件。

电压继电器可分为过电压继电器、欠电压继电器、零电压继电器和中间继电器。

过电压继电器（KOV）用于线路的过电压保护，其吸合整定值为被保护线路额定电压的 1.05 ~ 1.2 倍。当被保护的线路电压正常时，衔铁不动作；当被保护线路的电压高于额定值，达到过电压继电器的整定值时，衔铁吸合，触点机构动作，控制电路失电，控制接触器及时分断被保护电路。

欠电压继电器（KUV）用于线路的欠电压保护，其释放整定值为线路额定电压的 0.1 ~ 0.6 倍。当被保护线路电压正常时，衔铁可靠吸合；当被保护线路电压降至欠电压继电器的释放整定值时，衔铁释放，触点机构复位，控制接触器及时分断被保护电路。

零电压继电器是当电路电压降低到（5% ~ 25%）U_N 时释放，对电路实现零电压保护，用于线路的失压保护。

中间继电器实质上是一种电压继电器。它的特点是触点数目较多，电流容量可增大，起到中间放大（触点数目和电流容量）的作用。

2）电流继电器

电流继电器用于电力拖动系统的电流保护和控制。其线圈串联接入主电路，用来感测主电路的线路电流；触点接于控制电路，为执行元件。电流继电器反映的是电流信号。常用的电流继电器有欠电流继电器和过电流继电器两种。

欠电流继电器（KUC）用于电路欠电流保护，吸引电流为线圈额定电流 30%～65%，释放电流为额定电流 10%～20%，因此，在电路正常工作时，衔铁是吸合的，只有当电流降低到某一整定值时，继电器释放，控制电路失电，从而控制接触器及时分断电路。

过电流继电器（KOC）在电路正常工作时不动作，整定范围通常为额定电流的 1.1～4 倍，当被保护线路的电流高于额定值，达到过电流继电器的整定值时，衔铁吸合，触点机构动作，控制电路失电，从而控制接触器及时分断电路，对电路起过电流保护作用。

3）时间继电器

时间继电器是一种利用电磁原理或机械原理实现延时控制的控制电器，文字符号为 KT。时间继电器的种类很多，常用的有电磁式、空气阻尼式、电动式和电子式等。

在交流电路中常采用空气阻尼型时间继电器，结构简单，延时范围大，但准确度较低。空气阻尼型时间继电器主要是利用空气通过小孔节流的原理来获得延时动作的。当线圈通电时，衔铁及托板被铁心吸引而瞬时下移，使瞬时动作触点接通或断开。但是活塞杆和杠杆不能同时跟着衔铁一起下落，因为活塞杆的上端连着气室中的橡皮膜，当活塞杆在释放弹簧的作用下开始向下运动时，橡皮膜随之向下凹，上面空气室的空气变得稀薄而使活塞杆受到阻尼作用而缓慢下降。经过一定时间，活塞杆下降到一定位置，便通过杠杆推动延时触点动作，使动断触点断开，动合触点闭合。从线圈通电到延时触点完成动作，这段时间就是继电器的延时时间。延时时间的长短可以用螺钉调节空气室进气孔的大小来改变。吸引线圈断电后，继电器依靠恢复弹簧的作用而复原。空气经出气孔被迅速排出。

电子式时间继电器在时间继电器中已成为主流产品，电子式时间继电器是采用晶体管或集成电路和电子元件等构成的，目前已有采用单片机控制的时间继电器。电子式时间继电器具有延时范围广、精度高、体积小、耐冲击和耐振动、调节方便及寿命长等优点，所以发展很快，应用广泛。

4）热继电器

电动机在实际运行中，常会遇到过载情况，但只要过载不严重、时间短，绕组不超过允许的温升，这种过载是允许的。但如果过载情况严重、时间长，则会加速电动机绝缘的老化，缩短电动机的使用年限，甚至烧毁电动机，因此必须对电动机进行过载保护。

热继电器主要由热元件、双金属片和触点组成，如图 10-5 所示。热元件由发热电阻丝做成。双金属片由两种热膨胀系数不同的金属碾压而成，当双金属片受热时，会出现弯曲变形。使用时，把热元件串接于电动机的主电路中，而常闭触点串接于电动机的控制电路中。

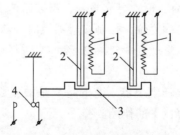

图 10-5　热继电器原理示意图

1—热元件；2—双金属片；3—导板；4—触点复位

当电动机正常运行时，热元件产生的热量虽能使双金属片弯曲，但还不足以使热继电器的触点动作。当电动机过载时，双金属片弯曲位移增大，推动导板使常闭触点断开，从而切断电动机控制电路以起保护作用。热继电器动作后一般不能自动复位，要等双金属片冷却后按下复位按钮复位。热继电器动作电流的调节可以借助旋转凸轮于不同位置来实现。

5）速度继电器

速度继电器主要用于笼型感应电动机的反接制动控制，文字符号为 KS。感应式速度继电器的原理如图 10-6 所示。它是靠电磁感应原理实现触点动作的。

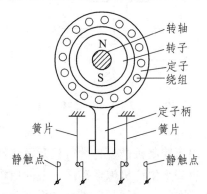

图 10-6　速度继电器原理示意图

从结构上看，与交流电机相类似，速度继电器主要由定子、转子和触点三部分组成。定子的结构与笼型异步电动机相似，是一个笼型空心圆环，由硅钢片冲压而成，并装有笼型绕组，转子是一个圆柱形永久磁铁。

速度继电器的轴与电动机的轴相连接。转子固定在轴上，定子与轴同心。当电动机转动时，速度继电器的转子随之转动，绕组切割磁场产生感应电动势和电流，此电流和永久磁铁的磁场作用产生转矩，使定子向轴的转动方向偏摆，通过定子柄拨动触点，使常闭触点断开、常开触点闭合。当电动机转速下降到接近零时，转矩减小，定子柄在弹簧力的作用下恢复原位，触点也复原。速度继电器根据电动机的额定转速进行选择。

6. 主令电器

控制系统中，主令电器是一种专门发布命令、直接或通过电磁式电器间接作用于控制电路的电器。常用来控制电力拖动系统中电动机的启动、停车、调速及制动等。

常用的主令电器有控制按钮、行程开关、接近开关、万能转换开关、主令控制器及其他主令电器（如脚踏开关、倒顺开关、紧急开关、钮子开关）等。

1）控制按钮

控制按钮是一种结构简单、使用广泛的手动主令电器，文字符号为 SB。控制按钮可以与接触器或继电器配合，对电动机实现远距离的自动控制。

控制按钮由按钮帽、复位弹簧、桥式触点和外壳等组成，如图 10-7 所示。控制按钮通常做成复合式，即具有常闭触点和常开触点。按下按钮时，先断开常闭触点，后接通常开触点；按钮释放后，在复位弹簧的作用下，按钮触点自动复位的先后顺序相反。通常，在无特殊说明的情况下，有触点电器的触点动作顺序均为"先断后合"。

在电器控制线路中，常开按钮常用来启动电动机，也称启动按钮；常闭按钮常用于控制电动机停车，也称停车按钮；复合按钮用于联锁控制电路中。

控制按钮的种类很多，在结构上有揿钮式、紧急式、钥匙式、旋钮式、带灯式和打碎玻璃式按钮。

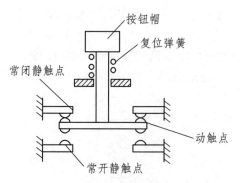

图 10-7 控制按钮的结构示意图

2）行程开关

行程开关又称限位开关，用于控制机械设备的行程及限位保护。在实际生产中，将行程开关安装在预先安排的位置，当装于生产机械运动部件上的挡块撞击行程开关时，行程开关的触点动作，实现电路的切换。因此，行程开关是一种根据运动部件的行程位置而切换电路的电器，它的作用原理与按钮类似。行程开关广泛用于各类机床和起重机械，用以控制其行程、进行终端限位保护。在电梯的控制电路中，还利用行程开关来控制开关轿门的速度、自动开关门的限位，轿厢的上、下限位保护。

行程开关按其结构可分为直动式、滚轮式、微动式和组合式。

3）接近开关

接近式位置开关是一种非接触式的位置开关，简称接近开关。它由感应头、高频振荡器、放大器和外壳组成。当运动部件与接近开关的感应头接近时，就使其输出一个电信号。接近开关分为电感式和电容式两种。

电感式接近开关的感应头是一个具有铁氧体磁心的电感线圈，只能用于检测金属体。振荡器在感应头表面产生一个交变磁场，当金属块接近感应头时，金属中产生的涡流吸收了振荡的能量，使振荡减弱以至停振，因而产生振荡和停振两种信号，经整形放大器转换成二进制的开关信号，从而起到"开""关"的控制作用。

电容式接近开关的感应头是一个圆形平板电极，与振荡电路的地线形成一个分布电容，当有导体或其他介质接近感应头时，电容量增大而使振荡器停振，经整形放大器输出电信号。电容式接近开关既能检测金属，又能检测非金属及液体。

三、实训内容及过程

实训项目 I：RL 系列螺旋式熔断器的识别与检测

（1）识别熔断器的型号、接线柱，根据铭牌分析其主要技术参数。

① 熔断器的型号标注在瓷座的铭牌上或瓷帽上方。

② 上接线柱（高端）为出线端子，下接线柱（低端）为进线端子。

③ 熔体额定电流标注在熔体表面。

（2）熔断器的拆卸与组装。

（3）熔断器的质量检测。

① 从瓷帽玻璃往里看，熔体有色标表示熔体正常，无色标表示熔体已断路。

② 将万用表置于 R×1Ω 挡，欧姆调零后，将两表笔分别搭接在熔断器的上、下接线柱上，若阻值为 0，熔断器正常；阻值为∞，则熔断器已断路，应检查熔体是否断路或瓷帽是否旋好等。

（4）熔断器的安装。

① 安装前，熔断器应完整无损。

② 螺旋式熔断器的电源线应接在瓷底座的下接线座上，负载线应接在螺纹壳的上接线座上。

③ 安装熔体时，必须保证接触良好，不允许有机械损伤。

④ 熔断器内要安装合格的熔体，不能用多根小规格熔体并联代替一根大规格熔体；各级熔体应相互配合，并做到下一级熔体规格比上一级规格小。

⑤ 更换熔体或熔管时，必须切断电源，尤其不允许带负荷操作。

⑥ 熔断器兼作隔离器件使用时应安装在控制开关的电源进线端；若仅作短路保护用，应装在控制开关的出线端。

⑦ 安装熔断器除保证适当的电气距离外，还应保证安装位置间有足够的间距，以便于拆卸、更换熔体。

实训项目Ⅱ：CJ10 系列交流接触器的识别与检测

（1）识别交流接触器的型号、接线端子等，并根据铭牌分析其主要技术参数。

① 识读交流接触器型号。交流接触器的型号标注在窗口侧的下方（铭牌）。

② 识别交流接触器线圈的额定电压。从交流接触器的窗口向里看（同一型号的接触器线圈有不同的电压等级）。

③ 找到线圈的接线端子。在接触器的下半部分，编号为 A1~A2，标注在接线端子旁。

④ 找到 3 对主触点的接线端子。在接触器的上半部分，编号为 1/L1~2/T1、3/L2~4/T2、5/L3~6/T3，标注在对应接线端子的顶部。

⑤ 找到 2 对辅助常开触点的接线端子。在接触器的上半部分，编号为 22~24、43~44，标注在对应接线端子的外侧。

⑥ 找到 2 对辅助常闭触点的接线端子。在接触器的顶部，编号为 11~12、31~32，标注在对应接线端子的顶部。

（2）交流接触器的拆卸和组装。

（3）交流接触器的检测。

① 压下接触器，观察触点吸合情况。边压边看，常闭触点先断开，常开触点后闭合。

② 释放接触器，观察触点复位情况。边放边看，常开触点先复位，常闭触点后复位。

③ 检测 2 对常闭触点好坏。将万用表置于 R×1Ω 挡，欧姆调零后，将两表笔分别搭接在常闭触点两端。常态时，各常闭触点的阻值约为 0；压下接触器后，再测量阻值，阻值为∞。

④ 检测 5 对常开触点好坏。将万用表置于 R×1Ω 挡，欧姆调零后，将两表笔分别搭接在常开触点两端。常态时，各常开触点的阻值约为∞；压下接触器后，再测量阻值，阻值为 0。

⑤ 检测接触器线圈好坏。将万用表置于 R×100Ω 挡，欧姆调零后，将两表笔分别搭接在

线圈两端，线圈的阻值约为 1 800 Ω。

⑥ 测量各触点接线端子之间的阻值。将万用表置于 R×10kΩ 挡，欧姆调零后，各触点接线端子之间的阻值为∞。

（4）交流接触器的安装。

① 安装前，应检查接触器外观，应无机械损伤；用手推动接触器可动部分时，接触器应动作灵活；灭弧罩应完整无损、固定牢固等。

② 接触器一般应安装在垂直面上，倾斜度应小于 5°。

③ 安装完毕，检查接线正确无误后，在主触点不带电的情况下操作几次。

④ 对有灭弧室的接触器，应先将灭弧罩拆下，待安装固定好后再将灭弧罩装上。拆装时注意不要损坏灭弧罩，带灭弧罩的交流接触器绝不允许不带灭弧罩或带破损的灭弧罩运行。

⑤ 接触器触点表面应经常保持清洁，不允许涂油。当触点表面因电弧作用形成金属小珠时，应及时铲除，但银合金表面产生的氧化膜，由于接触电阻很小，不必铲修，否则会缩短触点寿命。

实训项目Ⅲ：机床控制按钮的识别与检测

（1）识别控制按钮的型号、接线柱及主要技术参数等。

① 看控制按钮的颜色。绿色、黑色为启动按钮，红色为停止按钮。

② 根据控制按钮的型号，查找其主要技术参数。

（2）控制按钮的拆卸和组装。

（3）检测控制按钮质量。

① 观察按钮的常闭触点。找到对角线上的接线端子，动触点与静触点处于闭合状态。

② 观察按钮的常开触点。找到对角线上的接线端子，动触点与静触点处于分断状态。

③ 按下按钮，观察触点动作情况。边按边看，常闭触点先断开，常开触点后闭合。

④ 松开按钮，观察触点动作情况。边松边看，常开触点先复位，常闭触点后复位。

⑤ 检测判别 3 个常闭触点的好坏。将万用表置于 R×1Ω 挡，欧姆调零后，将两表笔分别搭接在常闭触点两端。常态时，各常闭触点的阻值约为 0；按下按钮后，再测量阻值，阻值为∞。

⑥ 检测判别 3 个常开触点的好坏。将万用表置于 R×1Ω 挡，欧姆调零后，将两表笔分别搭接在常开触点两端。常态时，各常开触点的阻值约为∞；按下按钮后，再测量阻值，阻值为 0。

（4）按钮的安装。

① 按钮安装在面板上时，应布置整齐，排列合理，如根据电动机启动的先后顺序，从上到下或从左到右排列。

② 同一机床运动部件有几种不同的工作状态时（如上、下、前、后、松、紧等）应使每一对相反状态的按钮安装在一组。

③ 按钮的安装应牢固，安装按钮的金属板或金属按钮盒必须可靠接地。

④ 由于按钮的触点间距较小，如有油污等极易发生短路故障，因此应注意保持触点间的清洁。

模块十一　电工基本操作

一、实训目的

（1）熟练掌握常用电工工具的使用方法。
（2）熟练掌握导线的剖削、连接与绝缘恢复方法。

二、实训预备知识

（一）常用电工工具的使用与维护

1. 低压验电器

低压验电器又称为电笔，是检测电气设备、电路是否带电的一种常用工具。普通低压验电器的电压测量范围为 60~500 V，高于 500 V 的电压则不能用普通低压验电器来测量。使用低压验电器时要注意下列几个方面：

① 使用低压验电器之前，首先要检查其内部有无安全电阻，是否有损坏，有无进水或受潮，并在带电体上检查其是否可以正常发光，检查合格后方可使用，如图 11-1 所示。

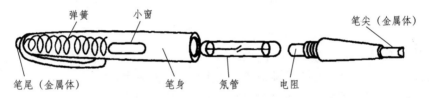

图 11-1　低压验电器的结构示意图

② 测量时手指握住低压验电器笔身，食指触及笔身尾部金属体，低压验电器的小窗口应该朝向自己的眼睛，以便于观察，如图 11-2 所示。

图 11-2　验电器的手持方法

③ 在较强的光线下或阳光下测试带电体时，应采取适当避光措施，以防观察不到氖管是否发亮，造成误判。

④ 低压验电器可用来区分相线和零线，接触时氖管发亮的是相线（火线），不亮的是零线。

它也可用来判断电压的高低，氖管越暗，则表明电压越低；氖管越亮，则表明电压越高。

⑤ 当用低压验电器触及电机、变压器等电气设备外壳时，如果氖管发亮，则说该设备相线有漏电现象。

⑥ 用低压验电器测量三相三线制电路时，如果两根很亮而另一根不亮，说明这一相有接地现象。在三相四线制电路中，当发生单相接地现象时，用低压验电器测量中性线，氖管也会发亮。

⑦ 用低压验电器测量直流电路时，把低压验电器连接在直流电的正负极之间，氖管里两个电极只有一个发亮，氖管发亮的一端为直流电的负极。

⑧ 低压验电器笔尖与螺钉旋具形状相似，但其承受的扭矩很小，因此，应尽量避免用其安装或拆卸电气设备，以防受损。

2. 螺钉旋具

螺钉旋具又称为起子或改锥，主要用来紧固或拆卸螺钉。按头部形状的不同，常用螺钉旋具有一字形和十字形两种，如图 11-3 所示。一字形螺钉旋具用来紧固或拆卸带一字槽的螺钉，其规格用柄部以外的长度来表示，一字形螺钉旋具常用的规格有 50 mm、100 mm、150 mm 和 200 mm 等，其中电工必备的是 50 mm 和 150 mm 两种。十字形螺钉旋具专供紧固或拆卸十字槽的螺钉，常用的规格有 4 个，Ⅰ 号适用螺钉直径为 2 ~ 2.5 mm，Ⅱ 号为 3 ~ 5 mm，Ⅲ 号为 6 ~ 8 mm，Ⅳ 号为 10 ~ 12 mm。

（a）一字形   （b）十字形

图 11-3　常用螺钉旋具

使用螺钉旋具时应该注意以下几个方面：

① 螺钉旋具的手柄应该保持干燥、清洁、无破损且绝缘完好。

② 电工不可使用金属杆直通柄顶的螺钉旋具，在实际使用过程中，不应让螺钉旋具的金属杆部分触及带电体，也可以在其金属杆上套上绝缘塑料管，以免造成触电或短路事故。

③ 不能用锤子或其他工具敲击螺钉旋具的手柄，或当作錾子使用。

3. 钢丝钳

电工应该选用带绝缘手柄的钢丝钳，其绝缘性能为 500 V。常用钢丝钳的规格有 150 mm、175 mm 和 200 mm 三种。钢丝钳的结构如图 11-4 所示。

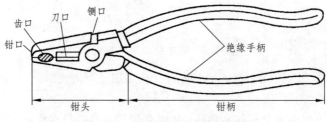

图 11-4　钢丝钳的结构示意图

钢丝钳主要用于剪切、绞弯、夹持金属导线，也可用作紧固螺母、切断钢丝，如图 11-5 所示。

使用钢丝钳时应该注意以下几个方面：

① 在使用电工钢丝钳以前，首先应该检查绝缘手柄的绝缘是否完好，如果绝缘破损，进行带电作业时会发生触电事故。

② 用钢丝钳剪切带电导线时，既不能用刀口同时切断相线和零线，也不能同时切断两根相线，而且，两根导线的断点应保持一定距离，以免发生短路事故。

③ 不得把钢丝钳当作锤子敲打使用，也不能在剪切导线或金属丝时，用锤或其他工具敲击钳头部分。

④ 钳轴要经常加油，以防生锈。

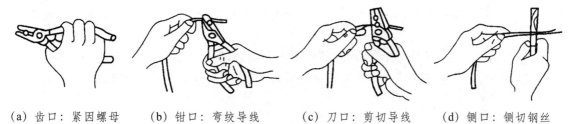

(a) 齿口：紧因螺母　　(b) 钳口：弯绞导线　　(c) 刀口：剪切导线　　(d) 铡口：铡切钢丝

图 11-5　钢丝钳使用方法示意图

4. 尖嘴钳

尖嘴钳的头部尖细，适用于在狭小的工作空间操作，主要用于夹持较小物件，也可用于弯绞导线、剪切较细导线和其他金属丝。电工使用的是带绝缘手柄的一种，其绝缘手柄的绝缘性能为 500 V，其外形如图 11-6 所示。尖嘴钳按其全长分为 130 mm、160 mm、180 mm、200 mm 4 种。

图 11-6　尖嘴钳的结构示意图

尖嘴钳在使用时的注意事项，与钢丝钳基本一致。

5. 电工刀和剥线钳

电工刀和剥线钳是常用的导线绝缘层剖削工具。电工刀主要用于剖削导线的绝缘外层、切割木台缺口和削制木桦等，其外形如图 11-7（a）所示。剥线钳是用于剥除较小直径导线、电缆的绝缘层的专用工具，它的手柄是绝缘的，绝缘性能为 500 V，其外形如图 11-7（b）所示。

在使用电工刀进行剖削作业时，应将刀口朝外，剖削导线绝缘时，应使刀面与导线成较小的锐角，以防损伤导线；电工刀使用时应注意避免伤手；使用完毕后，应立即将刀身折进刀柄；因为电工刀刀柄是无绝缘保护的，因此，绝不能在带电导线或电气设备上使用，以免触电。

剥线钳的使用方法十分简便，确定要剥削的绝缘长度后，即可把导线放入相应的切口中（直径 0.5~3 mm），用手将钳柄握紧，导线的绝缘层即被拉断后自动弹出。

（a）电工刀   （b）剥线钳

图 11-7　常用导线绝缘层的剖削工具

（二）导线的剖削、连接与绝缘恢复

1. 导线绝缘层的剖削

（1）对于截面积不大于 4 mm² 的塑料硬线绝缘层的剖削，一般用钢丝钳进行，剖削的方法和步骤如下：

① 根据所需线头长度用钢丝钳刀口切割绝缘层，注意用力适度，不可损伤芯线。

② 接着用左手抓牢电线，右手握住钢丝钳头用力向外拉动，即可剖下塑料绝缘层，如图 11-8 所示。

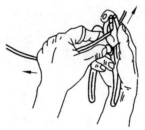

图 11-8　钢丝钳剖削塑料硬线绝缘层

③ 剖削完成后，应检查线芯是否完整无损，如损伤较大，应重新剖削。塑料软线绝缘层的剖削，只能用剥线钳或钢丝钳进行，不可用电工刀剖，其操作方法与此同。

（2）对于芯线截面面积大于 4 mm² 的塑料硬线，可用电工刀来剖削绝缘层。其方法和步骤如下：

① 根据所需线头长度用电工刀以约 45°角倾斜切入塑料绝缘层，注意用力适度，避免损伤芯线。

② 然后使刀面与芯线保持 25°角左右，用力向线端推削，在此过程中应避免电工刀切入芯线，只削去上面一层塑料绝缘。

③ 最后将塑料绝缘层向后翻起，用电工刀齐根切去。具体操作过程如图 11-9 所示。

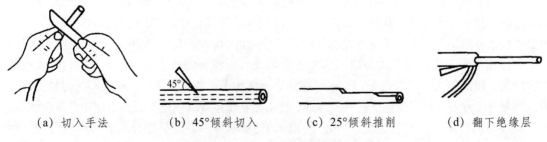

（a）切入手法   （b）45°倾斜切入   （c）25°倾斜推削   （d）翻下绝缘层

图 11-9　电工刀剖削塑料硬线绝缘层

（3）塑料护套线绝缘层的剖削必须用电工刀来完成,具体剖削方法和步骤如图 11-10 所示。

①按所需长度用电工刀刀尖沿芯线中间缝隙划开护套层。

②向后翻起护套层,用电工刀齐根切去。

③在距离护套层 5~10 mm 处,用电工刀以 45°角倾斜切入绝缘层,其他剖削方法与塑料硬线绝缘层的剖削方法相同。

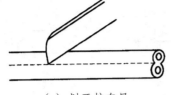 

（a）划开护套层　　　　　　（b）翻起切去护套层

图 11-10　塑料护套线绝缘层的剖削

（4）橡皮线绝缘层的剖削方法和基本步骤如图 11-11 所示。

①把橡皮线编织保护层用电工刀划开,其方法与剖削护套线的护套层方法类同。

②用与剖削塑料线绝缘层相同的方法剖去橡皮层。

③剥离棉纱层至根部,并用电工刀切去。

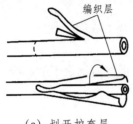

（a）划开护套层　　　　　　（b）剖削橡皮绝缘层

图 11-11　橡皮线绝缘层的剖削

（5）花线绝缘层的剖削方法和基本步骤如图 11-12 所示。

①首先根据所需剖削长度,用电工刀在导线外表织物保护层割切一圈,并将其剥离。

②距织物保护层 10 mm 处,用钢丝钳刀口切割橡皮绝缘层。注意不能损伤芯线,拉下橡皮绝缘层,方法与图 11-8 类同。

③最后将露出的棉纱层松散开,用电工刀割断即可。

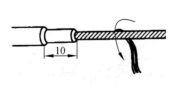 

（a）散开棉纱层　　　　　　（b）割断棉纱层

图 11-12　花线绝缘层的剖削

（6）铅包线绝缘层的剖削方法和基本步骤如图 11-13 所示。

① 先用电工刀围绕铅包层切割一圈。

② 接着用双手来回扳动切口处，使铅层沿切口处折断，把铅包层拉出来。

③ 铅包线内部绝缘层的剖削方法与塑料硬线绝缘层的剖削方法相同。

（a）按所需长度剖削　　　（b）折断并拉出铅包层　　　（c）剖削内部绝缘层

图 11-13　铅包线绝缘层的剖削

2. 导线的连接

导线连接是电工作业的一项基本工序，也是一项十分重要的工序。导线连接的质量直接关系到整个线路能否安全可靠地长期运行。在进行电气线路、设备的安装过程中，如果当导线不够长或要分接支路时，就需要进行导线与导线间的连接。需连接的导线种类和连接形式不同，其连接的方法也不同。常用的连接方法有绞合连接、紧压连接、焊接等。

1）单股铜线的直线连接

① 首先把两线头的芯线做 X 形相交，互相紧密缠绕 2~3 圈，如图 11-14（a）所示。

② 接着把两线头扳直，如图 11-14（b）所示。

③ 然后将每个线头围绕芯线紧密缠绕 6 圈，并用钢丝钳把余下的芯线切去，最后钳平芯线的末端，如图 11-14（c）所示。

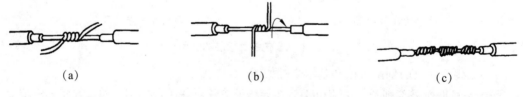

（a）　　　　　　　　　（b）　　　　　　　　　（c）

图 11-14　单股铜线的直线连接

2）单股铜线的 T 字形连接

① 如果导线直径较小，可按图 11-15（a）所示方法绕制成结状，然后再把支路芯线线头拉紧扳直，紧密地缠绕 6~8 圈后，剪去多余芯线，并钳平毛刺。

② 如果导线直径较大，先将支路芯线的线头与干线芯线做十字相交，使支路芯线根部留出 3~5 mm，然后缠绕支路芯线，缠绕 6~8 圈后，用钢丝钳切去余下的芯线，并钳平芯线末端，如图 11-15（b）所示。

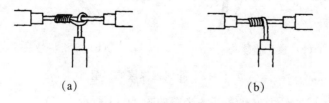

（a）　　　　　　　　　　（b）

图 11-15　单股铜线的 T 字形连接

3）7芯铜线的直线连接

① 先将剖去绝缘层的芯线头散开并拉直，然后把靠近绝缘层约 1/3 线段的芯线绞紧，接着把余下的 2/3 芯线分散成伞状，并将每根芯线拉直，如图 11-16（a）所示。

② 把两个伞状芯线隔根对叉，并将两端芯线拉平，如图 11-16（b）所示。

③ 把其中一端的 7 股芯线按 2 根、3 根分成 3 组，把第 1 组两根芯线扳起，垂直于芯线紧密缠绕，如图 11-16（c）所示。

④ 缠绕两圈后，把余下的芯线向右拉直，把第 2 组的两根芯线扳直，与第 1 组芯线的方向一致，压着前 2 根扳直的芯线紧密缠绕，如图 11-16（d）所示。

⑤ 缠绕两圈后，也将余下的芯线向右扳直，把第 3 组的 3 根芯线扳直，与前 2 组芯线的方向一致，压着前 4 根扳直的芯线紧密缠绕，如图 11-16（e）所示。

⑥ 缠绕 3 圈后，切去每组多余的芯线，钳平线端，如图 11-16（f）所示。

⑦ 除了芯线缠绕方向相反，另一侧的制作方法相同。

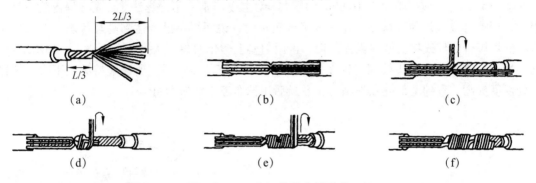

图 11-16 7 芯铜线的直线连接

4）7芯铜线的 T 字形连接

① 把分支芯线散开钳平，将距离绝缘层 1/8 处的芯线绞紧，再把支路线头 7/8 的芯线分成 4 根和 3 根两组，并排齐，如图 11-17（a）所示。

② 然后用螺钉旋具把干线的芯线撬开分为两组，把支线中 4 根芯线的一组插入干线两组芯线之间，把支线中另外 3 根芯线放在干线芯线的前面，如图 11-17（b）所示。

③ 把 3 根芯线的一组在干线右边紧密缠绕 3~4 圈，钳平线端；再把 4 根芯线的一组按相反方向在干线左边紧密缠绕，如图 11-17（c）所示。

④ 缠绕 4~5 圈后，钳平线端，如图 11-17（d）所示。

7 芯铜线的直线连接方法同样适用于 19 芯铜导线，只是芯线太多可剪去中间的几根芯线；连接后，需要在连接处进行钎焊处理，这样可以改善导电性能并增加其力学强度。19 芯铜线的 T 字形分支连接方法与 7 芯铜线也基本相同。将支路导线的芯线分成 10 根和 9 根两组，而把其中 10 根芯线那组插入干线中进行绕制。

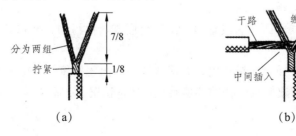

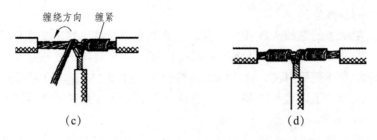

图 11-17　7 芯铜线的 T 字形连接

5）铜芯导线接头处的锡焊处理

① 电烙铁锡焊。如果铜芯导线截面积不大于 10 mm²，它们的接头可用 150 W 电烙铁进行锡焊。可以先将接头上涂一层无酸焊锡膏，待电烙铁加热后，再进行锡焊即可，如图 11-18（a）所示。

② 浇焊。对于截面积大于 16 mm² 的铜芯导线接头，常采用浇焊法。首先将焊锡放在化锡锅内，用喷灯或电炉使其熔化，待表面呈磷黄色时，说明焊锡已经达到高热状态，然后将涂有无酸焊锡膏的导线接头放在锡锅上面，再用勺盛上熔化的锡，从接头上面浇下，如图 11-18（b）所示。因为起初接头较凉，锡在接头上不会有很好的流动性，所以应持续浇下去，使接头处温度提高，直到全部缝隙焊满为止。最后用抹布擦去焊渣即可。

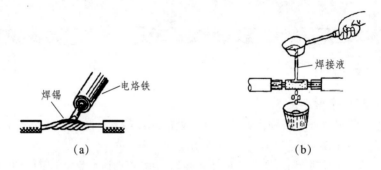

图 11-18　铜芯导线接头的焊接

6）压接管紧压连接

紧压连接是指用铜或铝套管套在被连接的芯线上，再用压接钳或压接模具压紧套管使芯线保持连接。铜导线（一般是较粗的铜导线）和铝导线都可以采用紧压连接，铜导线的连接应采用铜套管，铝导线的连接应采用铝套管。由于铝极易氧化，而铝氧化膜的电阻率很高，严重影响导线的导电性能，所以铝芯导线直线连接不宜采用铜芯导线的方法进行，多股铝芯导线常用压接管紧压连接法进行连接（此方法同样适用于多股铜导线）。具体操作方法和基本步骤如图 11-19 所示。

① 根据多股导线规格选择合适的压接管。

② 用钢丝刷清除铝芯线表面及压接管内壁的氧化层或其他污物，并在其外表涂上一层中性凡士林。

③ 将两根导线线头相对插入压接管内，并使两线端穿出压接管 25~30 mm。

④ 压接。压坑的数目与连接点所处的环境有关。通常情况下，室内是 4 个，室外为 6 个。

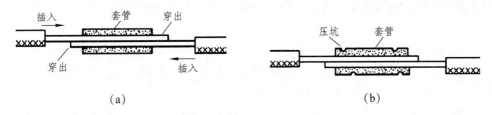

图 11-19　多股导线的压接管紧压连接

3. 导线的绝缘恢复

当发现导线绝缘层破损或完成导线连接后，一定要恢复导线的绝缘。要求恢复后的绝缘强度不应低于原有绝缘层。所用材料通常是黄蜡带、涤纶薄膜带和黑胶带，黄蜡带和黑胶带的选用宽度一般为 20 mm。

1）直线连接接头的绝缘恢复

① 首先将黄蜡带从导线左侧完整的绝缘层上开始包缠，包缠两根带宽后再进入无绝缘层的接头部分，如图 11-20（a）所示。

② 包缠时，应将黄蜡带与导线保持约 55°的倾斜角，每圈叠压带宽的 1/2 左右，如图 11-20（b）所示。

③ 包缠一层黄蜡带后，把黑胶布接在黄蜡带的尾端，按另一斜叠方向再包缠一层黑胶布，每圈仍要压叠带宽的 1/2，如图 11-20（c）（d）所示。

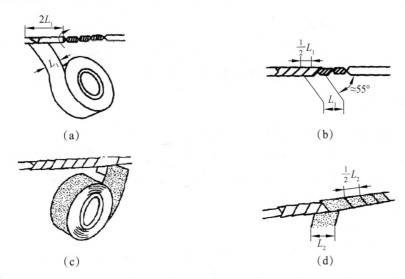

图 11-20　直线连接接头的绝缘恢复

2）T 字形连接接头的绝缘恢复

① 首先将黄蜡带从接头左端开始包缠，每圈叠压带宽的 1/2 左右，如图 11-21（a）所示。

② 缠绕至支线时，用左手拇指顶住左侧直角处的带面，使它紧贴于转角处芯线，而且要使处于接头顶部的带面尽量向右侧斜压，如图 11-21（b）所示。

③ 当围绕到右侧转角处时，用手指顶住右侧直角处带面，将带面在干线顶部向左侧斜压，使其与被压在下边的带面呈 X 状交叉，然后把带再回绕到左侧转角处，如图 11-21（c）所示。

④ 使黄蜡带从接头交叉处开始在支线上向下包缠，并使黄蜡带向右侧倾斜，如图 11-21（d）所示。

⑤ 在支线上绕至绝缘层上约两个带宽时，黄蜡带折回向上包缠，并使黄蜡带向左侧倾斜，绕至接头交叉处，使黄蜡带围绕过干线顶部，然后开始在干线右侧芯线上进行包缠，如图 11-21（e）所示。

⑥ 包缠至干线右端的完好绝缘层后，再接上黑胶带，按上述方法包缠一层即可，如图 11-21（f）所示。

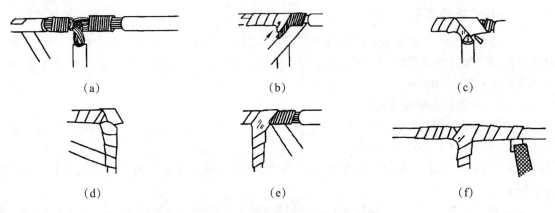

（a）　　　　　　　　　　（b）　　　　　　　　　　（c）

（d）　　　　　　　　　　（e）　　　　　　　　　　（f）

图 11-21　T 字形连接接头的绝缘恢复

三、实训内容及过程

实训项目 I：常用电工工具的使用

1. 低压验电器的使用

（1）采用正确的方法握持验电器，使笔尖接触带电体。

（2）仔细观察氖管的状态，根据氖管的亮、暗判断相线（火线）和中性线（零线）；根据氖管的亮、暗程度，判断电压的高低；根据氖管发光位置，判断直流电源的正、负极。

2. 螺钉旋具的使用

（1）选用合适的螺钉旋具。

（2）螺钉旋具头部对准木螺钉尾端，使螺钉旋具与木螺钉处于一条直线上，且木螺钉与木板垂直，顺时针方向转动螺钉旋具。应当注意固定好电气元件后，螺钉旋具的转动要及时停止，防止木螺钉进入木板过多而压坏电气元件。

（3）对于拆除电气元件的操作，只要使木螺钉逆时针方向转动，直至木螺钉从木板中旋出即可。操作过程中，如果发现螺钉旋具头部从螺钉尾端滑至螺钉与电气元件塑料壳体之间，螺钉旋具应立即停止转动，以避免损坏电气元件壳体。

3. 钢丝钳和尖嘴钳的使用

（1）用钢丝钳或尖嘴钳截取导线。

（2）根据安装圈的大小剖削导线部分绝缘层。

（3）将剖削绝缘层的导线向右折，使其与水平线成约 30°夹角。

（4）由导线端部开始均匀弯制安装圈，直至安装圈完全封口为止。

（5）安装圈完成后，穿入相应直径的螺钉，检验其误差。

实训项目 Ⅱ：电缆的剖削、连接和绝缘恢复

1. 电缆的剖削

（1）根据不同的导线选用适当的剖削工具，采用正确的方法进行绝缘层的剖削。

① NH-BV2.5 mm^2 耐火导线绝缘层的剖削。

② NH-BV6 mm^2 耐火导线绝缘层的剖削。

③ BLV2.5 mm^2 护套线绝缘层的剖削。

④ BLX2.5 mm^2 橡皮导线绝缘层的剖削。

⑤ RXSl.0 mm^2 双绞线绝缘层的剖削。

（2）仔细检查剖削过绝缘层的导线，观察是否存在断丝、线芯受损的情况。

2. 电缆的连接与绝缘层恢复

（1）针对以下铜芯导线，进行相应导线接头的制作。

① NH-BV2.5 mm^2 导线的直线连接。

② NH-BV2.5 mm^2 导线的 T 字形连接。

③ BV16 mm^2（7/1.7）导线的直线连接。

④ BV16 mm^2（7/1.7）导线的 T 字形连接。

（2）对以上制作好的导线接头，将①和②分别进行电烙铁锡焊和浇焊处理。

（3）对以上制作好的导线接头，将③和④分别进行绝缘层恢复。完成绝缘恢复后，将其浸入水中约 30 min，然后检查是否渗水。

※注意事项

① 在为工作电压为 380 V 的导线恢复绝缘时，必须先包缠 1~2 层黄蜡带，然后再包缠一层黑胶带。

② 在为工作电压为 220 V 的导线恢复绝缘时，应先包缠一层黄蜡带，然后再包缠一层黑胶带，也可只包缠两层黑胶带。

③ 包缠绝缘带时，不能过疏，更不能露出芯线，以免造成触电或短路事故。

④ 绝缘带平时不可放在温度很高的地方，也不可浸染油类。

模块十二　常用电气线路安装实训

一、实训目的

（1）了解电气识图基础知识。

（2）熟悉并掌握常用电气线路安装方法。

（3）掌握电路常见故障检修方法。

二、实训预备知识

（一）电气识图基础知识

电气图是用各种电气符号、带注释的围框、简化的外形表示电气系统、装置和设备各组成部分的相互关系及其连接关系的一种图。电气图的作用是用来阐述电的工作原理，描述产品的构成和功能，提供装接和使用信息的重要工具和手段。元件和连接线是电气图的主要表达内容。

读懂并且合理地运用电气原理图，对于分析电气线路、排除电气电路系统的故障非常有用。读电气图，需要了解有关电气工程的各种标准和规范，特别是导线的表示法、电气图形符号、电气文字符号、线路及照明灯具的标注方法等应重点了解。对初学者来说，掌握电气图的基础知识主要包括熟悉电气图的有关规定、常用电气图的特点以及电气元件的结构和原理等三方面。同时，掌握主要元件的位置、作用、特性、主要技术指标及其功能作用，可以帮助我们理解电路图的指导思想。对电路图、方框示意图、元件分布图上的元件，要做到对号入座。

1. 电气原理图的识读要点分析

（1）分析主电路。从主电路入手，根据每台电动机和执行电器的控制要求去分析各电动机和执行电器的控制内容，如电动机启动、转向控制、制动等基本控制环节。

（2）分析辅助电路。看辅助电路电源，弄清辅助电路中各电器元件的作用及其相互间的制约关系。

（3）分析联锁与保护环节。生产机械对于安全性、可靠性有很高的要求，实现这些要求，除了合理地选择拖动、控制方案以外，在控制线路中还设置了一系列电气保护和必要的电气联锁。

（4）分析特殊控制环节。在某些控制线路中，还设置了一些与主电路、控制电路关系不密切，相对独立的某些特殊环节，如产品计数装置、自动检测系统、晶闸管触发电路、自动调温装置等。这些部分往往自成一个小系统，其读图分析的方法可参照上述分析过程，并灵活运用所学过的电子技术、交流技术、自控系统、检测与转换等知识逐一分析。

（5）总体检查。经过"化整为零"，逐步分析了每一局部电路的工作原理以及各部分之间的控制关系之后，还必须用"集零为整"的方法，检查整个控制线路，看是否有遗漏。最后还要从整体角度去进一步检查和理解各控制环节之间的联系，以达到清楚地理解电路图中每一电气元器件的作用、工作过程及主要参数的目的。

2. 电气原理图的识读步骤分析

1）详看图纸说明

拿到图纸后，首先要仔细阅读图纸的主标题栏和有关说明，如图纸目录、技术说明、电器元件明细表、施工说明书等，结合已有的电工知识，对该电气图的类型、性质、作用有一个明确的认识，从整体上理解图纸的概况和所要表述的重点。

2）查看概略图和框图

由于概略图和框图只是概略表示系统或分系统的基本组成、相互关系及其主要特征，因此紧接着就要详细看电路图，才能搞清它们的工作原理。概略图和框图多采用单线图，只有某些 380/220 V 低压配电系统概略图才部分地采用多线图表示。

3）详看电路图

电路图是电气图的核心，也是内容最丰富、最难读懂的电气图纸。

看电路图是看图的重点和难点，首先要看有哪些图形符号和文字符号，了解电路图各组成部分的作用，分清主电路和辅助电路、交流回路和直流回路。其次，按照先看主电路，再看辅助电路的顺序进行看图。

看主电路时，通常要从下往上看，即先从用电设备开始，经控制电器元件，顺次往电源端看。看辅助电路时，则自上而下、从左至右看，即先看主电源，再顺次看各条支路，分析各条支路电器元件的工作情况及其对主电路的控制关系，注意电气与机械机构的连接关系。

通过看主电路，要搞清负载是怎样取得电源的，电源线都经过哪些电器元件到达负载和为什么要通过这些电器元件。通过看辅助电路，则应搞清辅助电路的构成、各电器元件之间的相互联系和控制关系及其动作情况等，同时还要了解辅助电路和主电路之间的相互关系，进而搞清楚整个电路的工作原理和来龙去脉。

4）对照查看电路图与接线图

接线图和电路图互相对照看图，可帮助看清楚接线图。读接线图时，要根据端子标志、回路标号从电源端顺次查下去，搞清楚线路走向和电路的连接方法，搞清每条支路是怎样通过各个电器元件构成闭合回路的。

配电盘（屏）内、外电路相互连接必须通过接线端子板。一般来说，配电盘内有几号线，端子板上就有几号线的接点，外部电路的几号线只要在端子板的同号接点上接出即可。因此，看接线图时，要把配电盘（屏）内、外的电路走向搞清楚，就必须注意搞清端子板的接线情况。

3. 电气控制电路图的读图方法

看电气控制电路图的一般方法是先看主电路，再看辅助电路，并用辅助电路的回路去研究主电路的控制程序。

1）主电路分析

（1）看清主电路中的用电设备。用电设备是指消耗电能的用电器具或电气设备，看图首先要看清楚有几个用电器，它们的类别、用途、接线方式及一些不同要求等。

（2）弄清楚用电设备是用什么电器元件控制的。控制电气设备的方法很多，有的直接用开关控制，有的用各种启动器控制，有的用接触器控制。

（3）了解主电路中所用的控制电器及保护电器。前者是指除常规接触器以外的其他控制元件，如电源开关（转换开关及空气断路器）、万能转换开关。后者是指短路保护器件及过载保护器件，如空气断路器中电磁脱扣器及热过载脱扣器的规格、熔断器、热继电器及过电流继电器等元件的用途及规格。一般来说，对主电路做如上内容的分析以后，即可分析辅助电路。

（4）看电源。了解电源电压等级，是 380 V 还是 220 V，是从母线汇流排供电还是配电屏供电，还是从发电机组接出来的。

2）辅助电路分析

辅助电路包含控制电路、信号电路和照明电路。分析控制电路时，根据主电路中各电动机和执行电器的控制要求，逐一找出控制电路中的其他控制环节，将控制线路"化整为零"，按功能不同划分成若干个局部控制线路来进行分析。如果控制线路较复杂，则可先排除照明、显示等与控制关系不密切的电路，以便集中精力进行分析。

（1）看电源。首先看清电源的种类是交流还是直流。其次，要看清辅助电路的电源是从什么地方接来的，及其电压等级。电源一般是从主电路的两条相线上接来，其电压为 380 V；也有从主电路的一条相线和一条零线上接来，电压为单相 220V；此外，也可以从专用隔离电源变压器接来，电压有 140 V、127 V、36 V、6.3 V 等。辅助电路为直流时，直流电源可从整流器、发电机组或放大器上接来，其电压一般为 24 V、12 V、6 V、4.5 V、3 V 等。辅助电路中的一切电器元件的线圈额定电压必须与辅助电路电源电压一致。否则，电压低时电路元件不动作；电压高时，则会把电器元件线圈烧坏。

（2）了解控制电路中所采用的各种继电器、接触器的用途，如采用了一些特殊结构的继电器，还应了解它们的动作原理。

（3）根据辅助电路来研究主电路的动作情况。控制电路总是按动作顺序画在两条水平电源线或两条垂直电源线之间的。因此，也就可从左到右或从上到下来进行分析。对复杂的辅助电路，在电路中整个辅助电路构成一条大回路，在这条大回路中又分成几条独立的小回路，每条小回路控制一个用电器或一个动作。当某条小回路形成闭合回路有电流流过时，在回路中的电器元件（接触器或继电器）则动作，把用电设备接入或切除电源。

在辅助电路中一般是靠按钮或转换开关把电路接通的。对于控制电路的分析必须随时结合主电路的动作要求来进行，只有全面了解主电路对控制电路的要求以后，才能真正掌握控制电路的动作原理，不可孤立地看待各部分的动作原理，而应注意各个动作之间是否有互相制约的关系，如电动机正、反转之间应设有联锁等。

（4）研究电器元件之间的相互关系。电路中的一切电器元件都不是孤立存在的，而是相互联系、相互制约的。这种互相控制的关系有时表现在一条回路中，有时表现在几条回路中。

（5）研究其他电气设备和电器元件，如整流设备、照明灯等。

（二）电气线路布线规范

布线应根据线路要求、负载类型、场所环境等具体情况，设计相应的布线方案，采用适合的布线方式和方法，同时应遵循以下一般原则：

① 选用符合要求的导线。对导线的要求包括电气性能和机械性能两方面。导线的载流量应符合线路负载的要求，并留有一定的余量。导线应有足够的耐压性能和绝缘性能，同时具有足够的机械强度。一般室内布线常采用塑料护套导线。

② 尽量避免布线中的接头。布线时，应使用绝缘层完好的整根导线一次布放到头，尽量避免布线中的导线接头。因为导线的接头往往造成接触电阻增大和绝缘性能下降，给线路埋下了故障隐患。如果是暗线敷设（实际上室内布线基本上都是暗线敷设），一旦接头处发生接触不良或漏电等故障，很难查找与修复。必需的接头应安排在接线盒、开关盒、灯头盒或插座盒内。

③ 布线应牢固、美观。明线敷设的导线走向应保持横平竖直、固定牢固。暗线敷设的导线一般也应水平或垂直走线。导线穿过墙壁或楼板时应加装保护用套管。敷设中注意不得损伤导线的绝缘层。

1. 明线

明线是指将导线沿墙壁或天花板表面敷设，包括塑料线卡固定、钢精扎头固定、瓷夹板固定、塑料线槽板固定等形式。明线通常采用单股绝缘硬导线或塑料护套硬导线，这样有利于固定和保持走线平直。

1）塑料线卡固定

塑料线卡由塑料线卡和固定钢钉组成。图 12-1（a）为单线卡，用于固定单根护套线；图 12-1（b）为双线卡，用于固定两根护套线。线卡的槽口宽度具有若干规格，以适用于不同粗细的护套线。

（a）单线卡　　　　　　　　　　　　（b）双线卡

图 12-1　常用塑料线卡固定示意图

敷设时，首先将护套线按要求放置到位，然后从一端起向另一端逐步固定。固定时，将塑料线卡卡在需固定的护套线上，钉牢固定钢钉即可。一般直线段可每间隔 20 cm 左右固定一个塑料线卡，并保持各线卡间距一致。若护套线在转角处，进入开关盒、插座盒或灯头时，应在距开关盒等 5～10 cm 处固定一个塑料线卡，如图 12-2 所示。走线应尽量沿墙角、墙壁与天花板夹角、墙壁与壁橱夹角敷设，并尽可能避免重叠交叉，既美观也便于日后维修。

如果走线必须交叉，则应按图 12-3（a）所示用线卡固定牢固。两根或两根以上护套线并行敷设时，可以按图 12-3（b）（c）所示，用单线卡逐根固定，或用双线卡一并固定。布线中如需穿越墙壁，应给护套线加套保护套管。保护套管可用硬塑料管，并将其端部内口打磨圆滑。

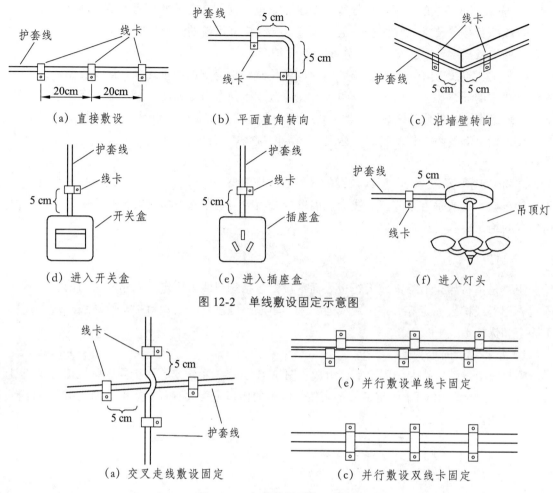

（a）直接敷设　　　　　　（b）平面直角转向　　　　　　（c）沿墙壁转向

（d）进入开关盒　　　　　　（e）进入插座盒　　　　　　（f）进入灯头

图 12-2　单线敷设固定示意图

（a）交叉走线敷设固定　　　　　　（e）并行敷设单线卡固定

（c）并行敷设双线卡固定

图 12-3　多线敷设固定示意图

2）钢筋扎头固定

钢筋扎头由薄铝片冲轧制成。用钢筋扎头固定护套线的方法与使用塑料线卡类似，需注意的地方例如：应沿墙角或壁橱边沿敷设，直线段固定点的间距，护套线进入转角、开关盒或插座盒时的固定距离，交叉走线及并行走线的固定方法等，均与塑料线卡固定布线相同。与塑料线卡所不同的是，采用钢筋扎头固定时应先将钢筋扎头固定到墙上，方法如图 12-4 所示，沿确定的布线走向，用小钢钉将钢筋扎头钉牢在墙上，各钢筋扎头间的距离一般为 20cm 左右，并保持间距一致。然后将护套线放置到位，从一端起向另一端逐步固定。固定时，按图 12-5 所示用钢筋扎头包绕护套线并收紧即可。

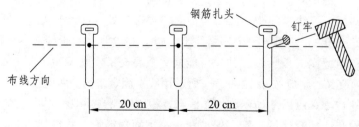

图 12-4　钢筋扎头布线示意图

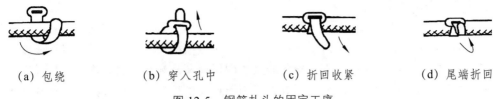

(a) 包绕　　　(b) 穿入孔中　　　(c) 折回收紧　　　(d) 尾端折回

图 12-5　钢筋扎头的固定工序

3）瓷夹板固定

瓷夹板适用于固定单股绝缘导线。瓷夹板有双线式、三线式等形式，包括上瓷板、下瓷板和固定螺钉，如图 12-6 所示。双线式瓷夹板具有 2 条线槽，用于固定两根导线。三线式瓷夹板具有 3 条线槽，用于固定 3 根导线。

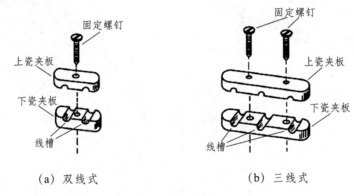

(a) 双线式　　　　　　　　　　(b) 三线式

图 12-6　常用瓷夹板外形示意图

布线时，先沿布线走向每隔 80 cm 左右在墙壁上钻孔并钉入木楔子，各木楔子间距应一致。再将瓷夹板用木螺钉轻轻固定在木楔子上，木螺钉暂不要拧紧。然后将两根单股绝缘导线分别放入瓷夹板的两条线槽内，拧紧固定螺钉即可。固定时，应如图 12-7 所示：先拧紧一端的瓷夹板，拉直导线后再拧紧另一端的瓷夹板，最后拧紧中间各个瓷夹板，这样可以保持走线平直美观。如果布线需转向，应在距导线转角处 5~10cm 用瓷夹板固定。4 根导线平行敷设时，可以用双线式瓷夹板每两根分别固定，也可用三线式瓷夹板整体固定，如图 12-8 所示。

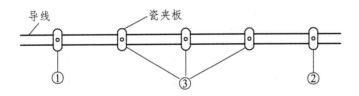

图 12-7　瓷夹板固定工序示意图

(a) 双线夹板固定　　　　　　　　　(b) 三线夹板固定

图 12-8　四线平行敷设示意图

4）塑料线槽板固定

塑料线槽板结构如图 12-9 所示，由线槽板和盖板组成，盖板可以卡在线槽板上。塑料线槽板有若干种宽度规格，可根据需要选用。采用塑料线槽板固定布线，是指将导线放在线槽板内固定在墙壁或天花板表面，直接看到的是线槽板而不是导线，因此比直接敷设导线要美观一些。由于线槽板一般由阻燃材料制成，采用塑料线槽板布线还可以提高线路的绝缘性能和安全性能。布线时，首先按设计的线路走向将线槽板固定到墙壁上，每隔 1 m 左右用一钢钉钉牢。如在大理石或瓷砖墙面等不易钉钉子的地方布线，则可用强力胶将线槽板粘牢在墙壁上。固定线槽板时要保持横平竖直，力求美观。

（a）结构图　　　　　　　　　　　（b）端面图

图 12-9　塑料线槽板的结构示意图

在导线 90°转向处，应将线槽板裁切成 45°角进行拼接，如图 12-10（a）所示。同方向的并行走线可放入一条线槽板内，转向时再分出。图 12-10（b）所示为线槽板的分支连接。线槽板与插座盒（开关盒、灯头盒等）的衔接处应无缝隙。线槽板固定好后，将导线放置于板槽中，再将盖板盖到线槽板上并卡牢，布线即告完成。

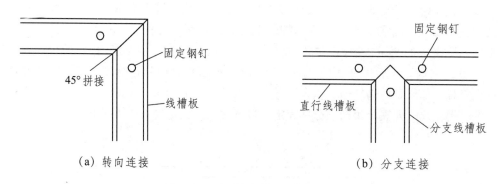

（a）转向连接　　　　　　　　　　　（b）分支连接

图 12-10　塑料线槽板连接示意图

2. 暗线

暗线敷设是指将导线埋设在墙内、天花板内或地板下面，表面上看不见电线，可更好地保持室内的整洁美观。暗线一般采用穿管敷设的方法，室内布线通常采用硬塑料管。在一般居室墙面上短距离布线时也可将无接头的护套线直接埋设。

1）穿管敷设

穿管敷设暗线是指将钢管或硬塑料管埋设在墙体内，导线穿入管子中进行布线。由于硬塑料管比钢管质量轻、价格低、易于加工，且具有耐酸碱、耐腐蚀和良好的绝缘性能等优点，在一般室内布线中得到越来越普遍的应用。其敷设方式有两种：一种是在建筑墙体时将布线管预埋在墙内；另一种是在建好的墙壁表面开槽放入线管，再填平线槽恢复墙面。下面主要介绍后一种方式。

（1）硬塑料管的选用。布线用管应选用聚乙烯或聚氯乙烯等**热塑性硬塑料管**，要便于弯曲、具有良好的弹性和一定的机械强度，具有阻燃性能。管壁厚度不小于 3 mm。管子的粗细根据所穿入导线的多少决定，一般要求穿入管中所有导线（含绝缘外皮层）的总截面不超过管子内截面的 40%，可依此确定布线管的管径。

（2）硬塑料管的弯曲。热塑性硬塑料管可以局部加热弯曲，方法是将硬塑料管需弯曲的部位靠近热源，旋转并前后移动烘烤，待管子略软后靠在木模上，两手握住两端向下施压进行弯曲，如图 12-11（a）所示。没有木模时，可将管子靠在较粗的木柱上弯曲，如图 12-11（b）所示，也可徒手进行弯曲。弯曲半径不宜太小，否则穿线困难。弯曲硬塑料管时还要防止将管子弯扁，可取一根直径略小于待弯管子内径的长弹簧（例如拉力器上的长弹簧），插入到硬塑料管内的待弯曲部位，然后再按前面方法弯管，弯好后抽出长弹簧即可。对于管径较大而不太长的管子，可在待弯管子内灌满干黄沙，并堵塞两头后再行弯管，弯管成型后再倒出黄沙。

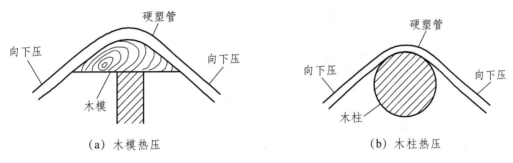

（a）木模热压　　　　　　　　　　　　　（b）木柱热压

图 12-11　热塑性硬塑料管热压弯曲示意图

（3）硬塑料管的连接。热塑性硬塑料管可以局部加热后直接插接，首先将待连接的两根管子分别做倒角处理，然后将外接管待插接的部分均匀加热烘烤，待其软化后，将内接管待插入部分涂上黏胶用力插入外接管内，如图 12-12 所示。插入部分的长度应为管子直径的 1.5 倍左右，以保证一定的牢固性。硬塑料管也可以用套管进行黏结，如图 12-13 所示，将两根待接管子的连接部位涂上一层黏胶，分别从两端插入套管内即可，套管的内径应等于待接管子的外径，套管的长度应为待接管直径的 3 倍左右，A、B 两管的接口应位于套管的中间。

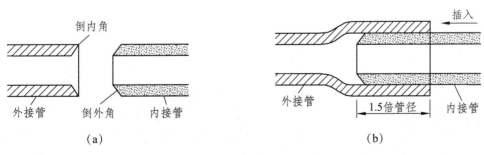

（a）　　　　　　　　　　　　　　　　　　（b）

图 12-12　热塑性硬塑料管插接示意图

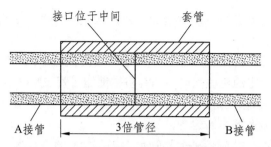

图 12-13　热塑性硬塑料管套管黏结示意图

（4）导线穿管敷设。首先应按照布线要求在墙壁表面开凿线槽，线槽的宽度与深度均应大于所用布线管的直径。然后将导线穿入布线管，再将穿有导线的布线管放入线槽并固定，最后用水泥或灰浆填平线槽恢复墙面。布线管在线槽内的固定方法如图 12-14 所示，可用固定卡子将布线管固定在线槽内，也可直接用两枚钢钉交叉钉牢将布线管固定住。

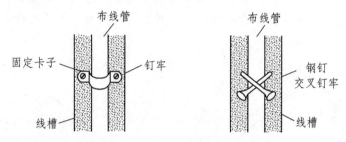

图 12-14　布线管常用的两种固定方法

2）护套线直接埋设

塑料护套线具有双重绝缘层，在无接头、无破损的前提下，可以直接用于普通住宅或办公室的室内暗线敷设。

（1）开凿线槽。按照布线要求在墙面上开凿线槽，线槽应有一定的宽度和深度，以能够很好地容纳布线为准。线槽走向应横平竖直，在转向处应有一定的弧度，避免护套线 90°直角转向。在开关盒、插座盒、接线盒处，应开凿方形盒槽，其大小以能够容纳所装线盒为准。

（2）布线。将整根护套线按照布线要求沿线槽布放，无分支的线路应用整根护套线布放到位。中途安排有开关盒或插座盒的线路可分段布放，并在开关盒或插座盒内连接，如图 12-15（a）所示。中途有分支的线路应将分支点选在接线盒或插座盒内，并分段布放护套线，如图 12-15（b）所示。同走向并行的线路可放在同一线槽内，如图 12-15（c）所示，并应在同一根护套线的始端与末端做好记号，以便连接线路时识别。

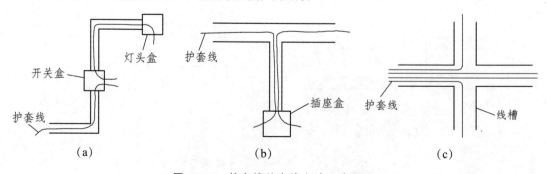

（a）　　　　　　　　　（b）　　　　　　　　　（c）

图 12-15　护套线的布线方法示意图

（3）固定。护套线布放完毕后，将护套线放入线槽，并按图12-16所示用线卡或钢钉予以固定，最后用水泥填平线槽。

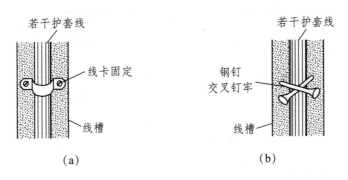

图 12-16　护套线固定示意图

（4）连接线路。在接线盒、开关盒、插座盒或灯头盒内，将分段布放的护套线按线路要求连接起来。连接时特别要注意识别护套线记号，以防接错。

3. 导线接头点的安排

为保证布线质量和用电安全，线路中导线不应有接头。导线分支等必需的接头可安排在插座盒、开关盒、灯头盒或接线盒内，既美观又便于日后维修。

1）安排在插座盒内

在导线分支处或其他必需的导线连接处，可设置一插座盒，作为导线的接头点，也可将导线迂回绕行至附近的插座盒内做接头。图12-17示例中，图（a）为原设计图，水平走向的导线需向下分支到插座，导线接头不可避免，解决的办法有两个：① 将插座盒上移至导线接头处，如图（b）所示；② 将导线向下绕行至原插座盒内进行接头，如图（c）所示。这样做的导线分支保证了布线中途无接头。

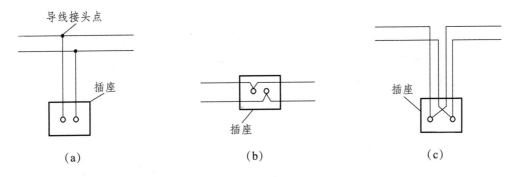

图 12-17　插座盒内的导线接头点安排示意图

2）安排在开关盒内

也可以将必需的导线接头安排在开关盒内。图12-18示例中，图（a）为原设计图，水平走向的导线需向上分支到开关，解决导线接头的办法是，将接头处上移至开关盒内，如图（b）所示，向右的导线从上方的开关盒绕行，避免了布线中途的导线接头。

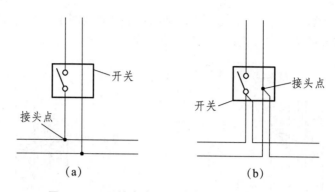

图 12-18　开关盒内的导线接头点安排示意图

3）安排在灯头盒内

还可以将导线接头安排在灯头盒内，这主要适用于电灯开关在灯具上而线路上无开关的情况。图 12-19 示例中，图（a）为原设计图，水平走向的导线有两个向上的分支到 A、B 两个壁灯，为避免布线中途的导线接头，我们可将两个接头处分别上移至 A、B 两个灯头盒内，如图（b）所示；也可修改导线走向，将 A、B 灯头之间向下的连接线改为 A、B 灯头之间水平走线，如图（c）所示。

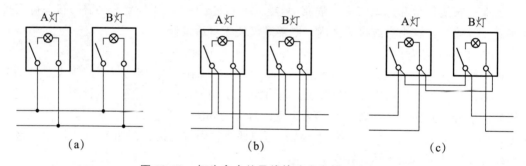

图 12-19　灯头盒内的导线接头点安排示意图

4）安排在接线盒内

如果导线分支不可避免，附近也没有可利用来做接头点的开关盒、插座盒等，解决的办法只能是在接头处安排一个接线盒。图 12-20 示例中，为实现图（a）的设计，我们可在接头处增设一个接线盒，将接头放在接线盒内，如图（b）所示。完成接线后，盖上接线盒盖板，如图（c）所示。

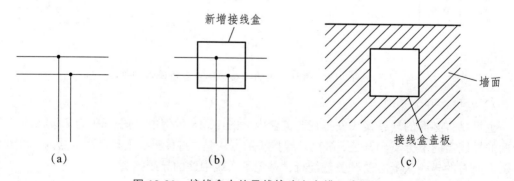

图 12-20　接线盒内的导线接头点安排示意图

对于图 12-21（a）所示电路，可以分别用两个接线盒做接头，见图 12-21（b）；也可以只用一个接线盒，而将向右上的分支导线从左边的接线盒中连接后绕行出来，如图 12-21（c）所示。

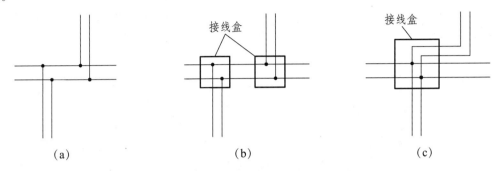

（a）　　　　　　　　　　　（b）　　　　　　　　　　　（c）

图 12-21　多分支导线的接头点安排示意图

三、实训内容及过程

实训项目 I：照明电路模拟安装与检修

（1）根据图 12-22 所示，选择合适的布线方法进行日光灯照明电路的安装。要求元器件布置合理、匀称，安装可靠，便于走线。

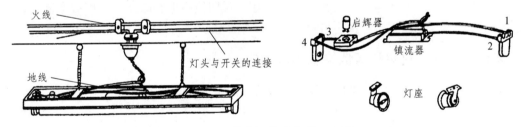

图 12-22　荧光灯线路安装示意图

接线时，启辉器座上的两个接线桩分别与两个灯座中的一个接线桩连接。一个灯座中余下的一个接线桩与电源的中性线连接，另一个灯座中余下的接线桩与镇流器的一个线头相连，而镇流器的另一个线头与开关的一个接线桩连接，而开关另一个接线桩与电源的相线连接。镇流器与灯管串联，用于控制灯管电流。启辉器本质是带有时间延迟性的断路器。电容器并联于氖泡两端，由于镇流器是一个电感性负载，而荧光灯的功率因数很低，不利于节约用电。为提高荧光灯的功率因数，可在荧光灯的电源两端并联一只电容器。

※安装注意事项：

① 镇流器、启辉器和荧光灯管的规格应相配套，不同功率不能互相混用，否则会缩短灯管寿命造成启动困难。当选用附加线圈的镇流器时，接线应正确，不能搞错，以免损坏灯管。

② 使用荧光灯管必须按规定接线，否则将烧坏灯管或使灯管不亮。

③ 接线时应使相线通过开关，经镇流器到灯管。

（2）电路接好后，合上开关，应看到启辉器有辉光闪烁，灯管在 3 s 内正常发光。如果发现灯管不发光，说明电路或灯管有故障，应进行简单的故障分析，其步骤如下：

① 用测电笔或万用表检查电源电压是否正常。确认电源有电后，闭合开关，转动启辉器，检查启辉器与启辉器座是否接触良好。如果仍无反应，可将启辉器取下，查看启辉器座内弹簧片弹性是否良好，位置是否正确，如图 12-23 所示，若不正确可用旋具拨动，使其复位。

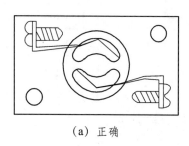
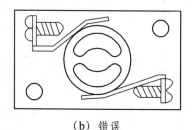

（a）正确　　　　　　　　　　　　　　　　（b）错误

图 12-23　启辉器座故障示意图

② 用测电笔或万用表检查启辉器座上有无电压，如有电压，则启辉器损坏的可能性很大，可以换一只启辉器重试。

③ 若测量启辉器座上无电压，应检查灯脚与灯座是否接触良好，可用两手分别按住两个灯脚挤压，或用手握住灯管转动一下。若灯管开始闪光，说明灯脚与灯座接触不良，可将灯管取下来，将灯座内弹簧片拨紧，再把灯管装上。若灯管仍不发光，应打开吊盒，用测电笔或万用表检查吊盒上有无电压。若吊盒上无电压，说明线路上有断路，可用试电笔检查吊盒两接线端，如试电笔均发亮，说明吊盒之前的零线断路。

实训项目Ⅱ：白炽灯两地控制线路的安装

根据图 12-24 所示，模拟安装家庭常用线路，用两只双联开关在两个地方控制一盏灯。

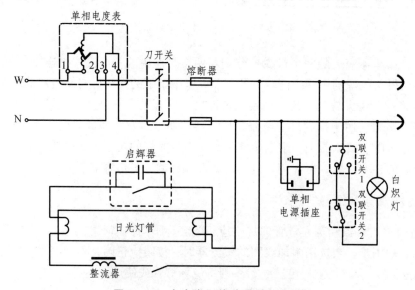

图 12-24　家庭常用线路安装示意图

实训项目Ⅲ：三相交流电动机正反转控制电路安装

（1）根据图 12-25 所示原理图，配齐所有电器元件，并进行检验。

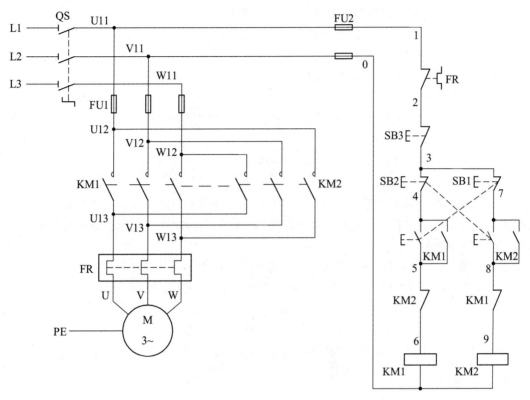

图 12-25　三相异步电动机正反转控制电路原理图

　　① 电器元件的技术数据（如型号、规格、额定电压、额定电流）应完整并符合要求，外观无损伤。

　　② 电器元件的电磁机构动作是否灵活，有无衔铁卡阻等不正常现象，用万用表检测电磁线圈的通断情况以及各触头的分合情况。

　　③ 接触器的线圈电压和电源电压是否一致。

　　④ 对电动机的质量进行常规检查（每相绕组的通断、相间绝缘、相对地绝缘）。

（2）分析并绘出电动机正反转控制电路的元件位置图和电气接线图。

（3）在控制板上按元件位置图安装电器元件，工艺要求如下：

　　① 组合开关、熔断器的受电端子应安装在控制板的外侧。

　　② 每个元件的安装位置应整齐、匀称，间距合理，便于布线及元件的更换。

　　③ 紧固各元件时要用力均匀，紧固程度要适当。

（4）按接线图的走线方法进行板前明线布线和套编码套管。板前明线布线的工艺要求如下：

　　① 布线通道尽可能地少，同路并行导线按主、控制电路分类集中，单层密排，紧贴安装面布线。

　　② 同一平面的导线应高低一致或前后一致，不能交叉。非交叉不可时，应水平架空跨越，但必须走线合理。

③ 布线应横平竖直，分布均匀。变换走向时应垂直。

④ 布线时严禁损伤线心和导线绝缘。

⑤ 在每根剥去绝缘层导线的两端套上编码套管。所有从一个接线端子（或线桩）到另一个接线端子（或接线桩）的导线必须连接，中间无接头。

⑥ 导线与接线端子或接线桩连接时，不得压绝缘层、不反圈及不露铜过长。

⑦ 一个电器元件接线端子上的连接导线不得多于两根。

（5）根据电气接线图检查控制板布线是否正确。

（6）安装电动机。

（7）连接电动机和按钮金属外壳的保护接地线（若按钮为塑料外壳，则按钮外壳不需接地线）。

（8）连接电源、电动机等控制板外部的导线。

（9）自检。

① 按电路原理图或电气接线图从电源端开始，逐段核对接线及接线端子处是否正确，有无漏接、错接之处。检查导线接点是否符合要求，压接是否牢固。接触应良好，以免带负载运行时产生闪弧现象。

② 用万用表检查线路的通断情况。检查时，应选用倍率适当的电阻挡，并进行校零，以防短路故障发生。对控制电路的检查（可断开主电路），可将表笔分别搭在 U11、V11 线端上，读数应为 "∞"。按下 SB 时，读数应为接触器线圈的电阻值，然后断开控制电路再检查主电路有无开路或短路现象，此时可用手动来代替接触器通电进行检查。

③ 用兆欧表检查线路的绝缘电阻应不小于 0.5 MΩ。

※注意事项

① 电动机及按钮的金属外壳必须可靠接地（若按钮为塑料外壳，则按钮外壳不需要接地线）。

② 按钮内接线时，用力不可过猛，以防螺钉打滑。

③ 按钮内部的接线不要接错，启动按钮必须接常开按钮（可用万用表的欧姆挡判别）。

④ 触头接线必须可靠、正确，否则会造成主电路中两相电源短路事故。

⑤ 接触器的自锁触头应并接在启动按钮的两端；停止按钮应串接在控制电路中。

⑥ 电路中两组接触器的主触头必须换相（出端反相），否则不能反转。

⑦ 热继电器的热元件应串接在主电路中，其常闭触头应串接在控制电路中，两者缺一不可，否则不能起到过载保护作用。

⑧ 热继电器的整定电流应按电动机的额定电流自行整定。

⑨ 热继电器因电动机过载动作后，若再次启动电动机，必须等热元件冷却后，才能使热元件复位（自动复位时应在动作后 5 min 内自动复位；手动复位时，在动作 2 min 后按下手动复位按钮，热继电器应复位）。

⑩ 编码套管套装要正确。

主要参考文献

[1] 金捷. 金工实习[M]. 上海：复旦大学出版社，2011.

[2] 李绍鹏. 金工实习[M]. 北京：冶金工业出版社，2009.

[3] 孙方红，徐萃萍. 工程训练[M]. 北京：冶金工业出版社，2016.

[4] 祝小军，文西芹. 工程训练[M]. 南京：南京大学出版社，2009.

[5] 赵占西，黄明宇. 产品造型设计材料与工艺[M]. 北京：机械工业出版社，2016.

[6] 门宏. 图解电工技术快速入门[M]. 2 版. 北京：人民邮电出版社，2010.

[7] 电工之友工作室. 图解电工技术快速入门[M]. 上海：上海科学技术出版社，2011.

[8] 王炳勋. 电工实习教程[M]. 北京：机械工业出版社，1999.

[9] 张伟. 电子工艺实训教程[M]. 重庆：重庆大学出版社，2018.

[10] 王峰. 简明电工实训教程[M]. 郑州：河南科学技术出版社，2012.

[11] 寇化瑜. 制造工程训练[M]. 成都：电子科技大学出版社，2012.

[12] 李文双，邵文冕，杜林娟. 工程训练·非工科类[M]. 哈尔滨：哈尔滨工程大学出版社，2010.

[13] 都维刚，李素燕，罗凤利. 机械工程训练·非机工科类[M]. 哈尔滨：哈尔滨工程大学出版社，2010.

[14] 人力资源和社会保障部教材办公室. 高级钳工工艺与技能训练[M]. 北京：中国劳动社会保障出版社，2011.

[15] 温德涌. 浅谈 DK77 系列数控线切割机床断丝原因及对策[J]. 无锡职业技术学院学报，2004，3（2）：22-24.